■ 李玉栋 主编

无龄美人的膜法笔记

U0325582

辽宁科学技术出版社

· 沈阳 ·

本书编委会

主　编　李玉栋

编　委　宋敏姣　李　想

图书在版编目（CIP）数据

无龄美人的膜法笔记 / 李玉栋主编．-- 沈阳：辽
宁科学技术出版社，2015.3
　　ISBN 978-7-5381-8851-6

　　Ⅰ．①无… Ⅱ．①李… Ⅲ．①女性—面—美容—基本
知识 Ⅳ．① TS974.1

　　中国版本图书馆 CIP 数据核字（2014）第 223670 号

出版发行：辽宁科学技术出版社
　　　　　（地址：沈阳市和平区十一纬路 29 号　邮编：110003）
印　刷　者：湖南立信彩印有限公司
经　销　者：各地新华书店
幅面尺寸：170mm × 237mm
印　　张：9
字　　数：231 千字
出版时间：2015 年 3 月第 1 版
印刷时间：2015 年 3 月第 1 次印刷
责任编辑：郭　莹　湘　岳
摄　　影：龙　斌
封面设计：多米诺设计·咨询　吴颖辉　龙　欢
版式设计：湘　岳
责任校对：合　力

书　　号：ISBN 978-7-5381-8851-6
定　　价：32.80 元
联系电话：024-23284376
邮购热线：024-23284502

PREFACE 序言

　　容颜美丽，是每个女人都不可抗拒的一种诱惑，美丽的容颜，不仅要靠外在的修饰，细心的护理也非常重要。每个女人都希望成为美容护肤的专家，让自己时刻保持美丽。那些看似简单的护肤方法，那些你所不知道的护肤诀窍，你一定要认真掌握，才能给自己的皮肤更多的宠爱。

　　要保持美丽的容颜，不论多么高超的化妆技术，都只是一时的，天然美肌才是最动人的妆容。而敷面膜带给女人的不仅仅是美丽的容颜，更是一段净化身心的旅程。本书将资深美肤达人多年积累的护肤小知识和大家一起分享，让大家可以更简单、更环保、更经济地给自己带来更多美的享受。

　　这本书主要以天然的材料为基础，打造健康式无添加的美肤面膜。可以带领大家了解自己的皮肤状态，寻找适合自己的方式。相信大家每次自己亲手制作面膜、敷上面膜的过程，都是一次身与心的蜕变——变得更加美丽。

　　女人要对自己好一点，不仅要懂得利用大自然赋予的精华，为自己自制面膜，还要养成良好的作息习惯，关注生活细节，通过智慧让自己从头到脚"净"起来，心灵纯净，皮肤洁净！

　　希望此书，可以让更多的人得到帮助，希望广大读者通过对本书的学习让自己更加的美丽、健康、快乐！

目 录
CONTENTS

第一章

"膜"法之路

　　美丽是每个女人的权利，"面子"问题至关重要。我们的皮肤总是面临各种各样的问题，让爱美的女性烦恼不已。如何拥有完美的雪肌玉肤，是每个女性都想知道的秘密。DIY面膜不仅省钱又有趣，还能针对性地解决我们的皮肤问题，细致爱护我们的每一寸皮肤！

"膜"法工具

1. 钢勺（准备大、小2个钢勺，用来盛取材料以及控制材料的用量）

2. 注射器（用来控制水量）

3. 面膜勺（用来混合搅拌材料）

4. 面膜刷（用来敷面膜）

5. 面膜碗（用来盛取材料制作面膜）

6. 面膜纸（将其浸泡在汁液状的面膜中，然后敷在面部）

7. 化妆棉（用来沾取面膜汁液，涂抹在面部）

8. 纱布（用来过滤或者代替榨汁机，包住较软的材料将其挤压出汁液）

9. 果汁机和榨汁机（用来将材料搅打成泥状或者榨取汁液）

"膜" 法小技巧

技巧1：了解自己的皮肤情况

自制的面膜采用纯天然配方，孕妇也可以使用，建议视个人皮肤情况而定，选择适合自己的面膜。

技巧2：进行防过敏试验

使用新面膜之前先做个防过敏试验：涂抹一些面膜在手腕内侧，观察几个小时甚至1～2天，看是否出现过敏现象。

技巧3：保证皮肤的清洁和滋润

敷面膜前，一定要彻底清洁皮肤，并保证皮肤处于滋润状态。湿润的皮肤比干燥的皮肤吸收水分和营养的效果要好很多，在皮肤湿润的状态下敷面膜会事半功倍。

技巧4：敷面膜的正确顺序

敷面膜应遵循从颈部——下颌——两颊——鼻子——唇部——额头的顺序，从下往上将面膜均匀涂抹在面部。

技巧5：避免出现过于夸张的表情

在敷面膜的过程中，不要出现过于夸张的表情，否则很容易引起面膜的破碎断裂，出现皱纹。

技巧6：剩余面膜的处理

剩余面膜如何保存要根据所使用的面膜材料来定，有些面膜不宜保存，在制作时要注意量的选用，不要一次制作太多。有些面膜可以保存再次使用，需要及时放入冰箱中保鲜存放，一般最多存放5天。

技巧7：敷面膜的时间

敷面膜的最佳时间是晚上21～22点，以15～20分钟为宜，时间过久反而使面部皮肤中的营养被吸收。

选择适合自己的 面膜

肤质分析

按皮脂腺的分泌情况可将皮肤的类型大致分为5种：干性皮肤、中性皮肤、油性皮肤、混合性皮肤、敏感性皮肤。

干性皮肤

1. 皮肤细腻，皮肤表层薄，毛孔不明显，皮脂分泌少而均匀，没有油腻感，看起来清洁、细腻。

2. 经不起外界刺激，受刺激后皮肤容易变得潮红，甚至灼痛。

3. 不易生痤疮,附着力强、化妆后不易掉妆。

4. 容易老化起皱纹，特别是在眼周、嘴角处最易产生皱纹。

中性皮肤

1. 皮肤相对光滑细腻，油脂水分适中，红润没有瑕疵，富有弹性。

2. 对外界刺激不太敏感，不易起皱纹。

3. 化妆后不易掉妆，多

见于青春期少女。

4. 皮肤季节性变化较大，冬季偏干，夏季偏油，30 岁后变为干性皮肤。

油性皮肤

1. 皮肤粗厚，毛孔明显，部分毛孔粗大，皮脂分泌多，特别是在面部容易泛油光处。

2. 比较能抵御外界刺激，但皮肤纹理粗糙，容易受污染，抗菌力比较差，容易生痤疮。

3. 附着力差，化妆后易掉妆。

4. 不易老化，面部出现皱纹较晚。

混合性皮肤

1. 同时存在两种不同性质的皮肤。

2. 前额、鼻翼、下颌处为油性，毛孔粗大，油脂分泌较多。

3. 其他部位呈现出干性或中性皮肤的特征。

敏感性皮肤

1. 皮肤细腻白皙，皮脂分泌少，较干燥。

2. 对烈日、花粉、蚊虫叮咬及高蛋清食物等易过敏。

3. 接触化妆品后易引起皮肤过敏，出现红、肿、痒、起痘等问题。

如何测定肤质

测定肤质的方法有很多，通过仔细观察我们一般也可以判断出来，但还需要仔细鉴别。

观察鉴别法：观察毛孔大小、油脂多少、有无光泽、皮肤是否有弹性、接触化妆品是否过敏等，然后将观察的结果与各类皮肤的特点做对比，就可以基本判断出自己的肤质。

纸巾测试法：睡前用中性洁肤品洁面，不擦任何化妆品上床休息，第二天早晨起床后，用 1 张面纸巾轻拭前额及鼻部，若纸巾上留下大片油迹，便是油性皮肤；若纸巾上仅有星星点点的油迹或没有油迹，则为干性皮肤；若纸巾上有油迹但并不多，就是中性皮肤。

不同肤质皮肤巧护理

干性皮肤

护理要点——保证皮肤得到充足的水分

护理一：清洁

在选择清洁护肤品时，碱性强的化妆品和香皂等最好不要选用，以免抑制皮脂和汗液的分泌，使皮肤更加干燥。

护理二：补水

洁面时，如果使用的洗面乳没有滋润的成分，或是清洁后感觉面部比较干燥或紧绷，应在彻底清洁面部后，立刻使用保湿性化妆水或乳液来补充皮肤水分。

护理三：面膜

每周做1次熏面及营养面膜，可以促进血液循环，加速细胞代谢。

护理四：按摩

睡前用温水清洁皮肤，然后按摩3～5分钟，以改善面部的血液循环。适当地使用晚霜也有一定的补水效果。

护理五：保湿

次日清晨洁面后，一定要涂抹乳液或营养霜来保持皮肤的滋润。

干性皮肤日常护理

1. 全年防晒：全年使用防晒乳并且避免晒太阳。

2. 洁面次数：夏季每天洁面2次，冬季在晚上卸妆并用温水洁面1次，早上只用温水冲洗即可。

3. 洁面产品：一定要使用柔和的洁面产品清洁面部。夏季用液质的洁面产品，冬季皮肤比较干燥，可用霜质的洁面产品。

4. 保湿妙招：洁面后不要将面部擦太干，当面部还微微湿润时，涂抹润肤霜，让润肤霜慢慢地渗入皮肤。

5. 冬季护肤：寒冷干燥的冬季，用油性或多种润肤品，可以防御恶劣的气候，以便进一步保护皮肤。

6. 防皱妙招：不论是夏季还是冬季，晚上都要在嘴角和眼周涂抹防皱膏。

7. 对抗粗糙：用"柔和洁面液"清洁面部，用清水洗掉洁面液，面部不要擦干，将1/2茶匙的"磨面水晶"放在手掌上，加入少量润肤霜和水，调成糊状，将糊状物质轻轻磨擦面部，一定要很轻，不要磨擦长疮和有粉刺的地方，避开眼周，然后用清水彻底洗净，再抹润肤霜。

8.滋养方法：冬季或皮肤太干时要适量使用面膜。

中性皮肤

中性皮肤护理要点——油分平衡

中性皮肤是比较理想的皮肤类型，拥有中性皮肤的人似乎不需要花费太多心思来护理皮肤，但正如人要在健康的时候就懂得保养身体一样，对待皮肤也应如此。随着季节的变化，干性皮肤可能会偏向中干性或中油性，这时就要根据皮肤的状态做好基础护理。

护理一：洁面

先用卸妆乳，再用泡沫型洗面奶，进行面部清洁，这样有利于角质和死皮的及时清除，第二天上妆也会比较容易。

护理二：角质护理

每周做1次角质清理，使用含有少量磨砂颗粒的去角质霜，主要以额头、鼻子和下颌为主，定期清理额头和鼻周由于油分分泌而产生的脏物。

护理三：按摩

使用含水分较多的霜或液进行按摩，每周1～2次。每天洁面后，在皮脂膜和酸性膜恢复的同时轻轻按压面部，这样能够促进血液和淋巴的循环，效果等同于按摩。

护理四：面膜

只需根据皮肤的季节变化来选择面膜。

中性皮肤日常护理

1.眼部的卸妆品可以根据睫毛膏是否防水而选择。

2.选择对皮肤有滋润作用的香皂。

3.每日洁面2次为宜。

4.洁面的时候按摩皮肤约30秒，可以增强血液循环，提亮肤色。

5.用清水洁面后，将面部的水轻轻拍入皮肤表层，千万不要揉拭皮肤，尤其是眼部，以免给皱纹的产生打下伏笔。

6.早晨洁面后，先用收敛性化妆水收紧皮肤，再涂抹营养霜，最后将粉底霜均匀地搽在面部。

7.晚上洁面后，先使用营养化妆水，以保证皮肤处于一种不松不紧的状态，用霜或乳液润泽皮肤，使之柔软有弹性。

8.选择适合中性皮肤的面膜敷面15～20分钟，每周1次。

油性皮肤

油性皮肤护理要点——保持皮肤清洁

油性皮肤如果不用心护理，一不留神就会变成糟糕的油性敏感干燥缺水型皮肤，油性皮肤保养的关键是保持皮肤的清洁。

护理一：洁面

选择洁净力强的洗面乳，将分泌的油脂清洗干净。洁面时，将洗面乳放在掌心上搓揉起泡，再仔细清洁 T 区，尤其是鼻翼两侧等皮脂分泌旺盛的部位。长痘的地方，则用泡沫轻轻地画圈，然后用清水反复冲洗 20 次以上。

护理二：抑制油脂

洁面后，使用收敛性强的化妆水，以抑制油脂的分泌，不使用油性化妆品。

护理三：按摩

晚上洁面后，可适当地按摩，以改善皮肤的血液循环，调整皮肤的生理功能。

护理四：面膜

每周做 1 次熏面、倒膜，以达到彻底清洁皮肤、收缩毛孔的目的。

油性皮肤日常护理要点

1. 白天、夜间不同护理。白天保养侧重于"保湿"，选用亲水性的乳液；夜间选择较清爽的晚间护理产品，含有有植物成分的亲水性产品。

2. 注意营养的补充，选用含有保湿补水成分的夜间营养护理产品。

3. 营养丰富但不含油脂的精华素，是油性皮肤夜间保养最好的选择。

4. 使用净肤控油面膜和有深层清洁及控制油脂分泌功效的乳霜状面膜，1 周使用 1～2 次，可以让你的皮肤洁净、清爽、润滑。

5. 使用精油护理油性皮肤，除了能让皮肤镇定、放松之外，还能起到平衡油脂的作用。

小贴士

适合油性皮肤使用的精油

天竺葵精油：天竺葵精油可以平衡油脂分泌，对护理T区很有帮助。

茶树、玫瑰草精油：可以调节不平衡的油脂分泌，保湿消炎，可用于经常长青春痘的油性皮肤。

混合性皮肤

混合性皮肤护理要点——分区护理

混合性皮肤要 "对症下药"，做清洁型保养时要顾及干燥的部位，做滋润型保养时则要顾及较油的部位，要分区域来做皮肤的保养，这样可以对皮肤进行针对性的保养，完全照顾到混合性皮肤的特点。而且，混合性皮肤的状况并不是非常稳定，在每天的例行保养中，还要根据当天的皮肤状况去改变保养的方法。

1. T 区需要抑制皮脂分泌，从而使皮肤清爽不泛油光。

2. 两颊、颧骨等干燥部位需要补充水分。

3. 早、晚洁面时，中间部位需要加强清洁。

混合性皮肤日常护理

1. 每天洁面时，在出油的部位多清洗 1 次，并且每 3 天用磨砂膏进行 1 次深层清洁去角质。

2. 定期给皮肤大扫除，敷面膜的时候一定要进行分区处理：T 区用清爽面膜，干燥部位用保湿、营养面膜。

3. 彻底地清洁和保湿对于出油及粉刺部位才是最正确的保养方法。

4. 在日常保养时，要加强保湿工作，不要涂抹油腻的保养品。

5. 护肤品最好冬季和夏季分选 2 套。夏季选用中性和混合性皮肤用的护肤品，冬季选用适合中性、干性皮肤用的护肤品。

6. 干燥的部位要着重保湿，用热敷促进新陈代谢，并使用保湿乳液加强保湿效果，以补足水分。

7. 不要全脸使用 1 种护肤品，造成油的部位更油，干燥的部位更干燥。

小贴士

饮食调理

在日常生活中，要多注意饮食平衡，可大量食用富含维生素的蔬菜水果，少食高脂肪类及辛辣刺激性食物。多饮白开水，对皮肤的调理有着良好的辅助作用。

敏感性皮肤

敏感性皮肤护理要点——保湿

敏感性皮肤要特别注重保湿等基本保养工作，增加皮肤含水量和加强皮肤屏障功能，可以增强皮肤的抵抗力，减少外界物质对皮肤的刺激。

敏感性皮肤日常护理

1. 查找并远离过敏源。

2. 选择弱酸性的洁面产品。

3. 选择性质温和且不含酒精、香料的爽肤水，使用时可用食指、中指及无名指的指腹轻弹面部，千万不要用力拍打。

4. 选择不含酒精、香料、防腐剂的护肤品。

5. 不要过度清洁，减少每日洁面的次数，早晚共 2 次，每次不超过 1 分钟。如果长期被皮肤问题困扰，甚至可以不用洁面产品，直接以清水洁面。

6. 洁面时，水温不能太高也不能太低，温热就好。

7. 洁面时亦不应使用洁面刷、海绵等，以免因磨擦而损伤皮肤。

8. 尽量少使用清洁面膜，每月 1～2 次即可。

9. 洁面时，尽量不使用面部去角质类产品，待皮肤恢复正常时，再考虑使用。

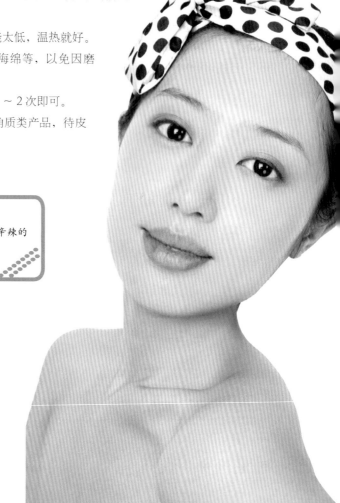

> **小贴士**
>
> **饮食调理**
>
> 不要食用烧烤、煎炸类产品，辛辣的食物也要少食用，同时还要少饮酒。

不同年龄的女性如何选择  面膜

18 ～ 20 岁

皮肤状态：这一年龄阶段的女性内分泌旺盛，皮脂腺分泌加强，油脂增多，毛孔粗大，容易出现恼人的痘痘和粉刺。

面膜：每周应做 1 次清洁面膜，针对皮肤问题选择祛痘或去粉刺的面膜。

20 ～ 25 岁

皮肤状态：皮肤状态趋于稳定，细腻光洁，富有弹性，无需去角质和死皮等特别护理，也无需加强营养。这时最需要注意的是保护这层 "外膜"，尽量不使用含有活性成分的功效型面膜。

面膜：补充水分和维生素，尤其是维生素 C 和维生素 E，这时皮脂腺分泌仍然旺盛，每周进行 1 次深层清洁面膜护理也是很有必要的。

25 ～ 30 岁

皮肤状态：皮肤处于转折期，容易干燥，表面会积存一些坏死细胞，皮肤开始变得有些粗糙且无光泽。

面膜：补水、滋养型面膜，1 周至少 2 次。

30 ～ 35 岁

皮肤状态：皮肤岁月痕迹增加，肤色开始变得黯淡，皮肤出现细纹及色素沉积等问题。

面膜：清洁面膜与保湿面膜。结合皮肤问题，搭配使用具有滋养和美白等功效的面膜，但是不要随意使用强美白型面膜，最好咨询专业的医生，选择合适的面膜。

35 ～ 40 岁

皮肤状态：随着皮肤的自然老化及压力、紫外线等因素的影响，皮肤出现较多的皱纹，并且松弛、缺乏弹性，还会变得敏感，分泌的油脂也明显减少。

面膜：每周做 1 ～ 2 次营养面膜必不可少，在敷面膜前要进行去角质的护理。含有果酸的面膜既能保湿，又能去死皮。

40 岁之后

皮肤状态：自然老化、紫外线、环境污染及精神紧张所带来的一些问题开始显现，皮肤内的胶原含量减少，出现皱纹。内分泌系统紊乱也会对皮肤造成不良影响，皮肤会变得更加敏感、松弛。

面膜：营养面膜、补水面膜。每周使用 1 ～ 2 次，在去角质后做敷贴，能增强皮肤弹性。

敷面膜 的正确步骤

步骤1 面部清洁，最好先去死皮，效果更佳

湿润的皮肤更易吸收水分和营养，洁面后不要等到面部的水分都蒸发掉才敷面膜。干性皮肤的人，可以在敷面膜前先拍打爽肤水，使皮肤保持在湿润状态。这样，面膜中的水分和精华成分，才更容易被皮肤吸收。

步骤2 加热，打开毛孔，效果更明显

特别是在寒冬季节，气温较低，毛孔处于收缩状态，身体新陈代谢缓慢，敷面膜前用热水将面膜加热或用水蒸气蒸面，使面部毛孔扩张，可以促进血液循环，利于吸收面膜中的营养成分，也可以用毛巾在温水中浸泡，敷于面部约5分钟。

步骤3 将面膜均匀涂抹在面部

敷面膜不宜过厚，以遮盖皮肤底色的厚度为佳，要注意避开眼周和唇部，保持15～20分钟。眼周、眉毛以及上下唇部分是不适宜涂抹面膜的。

步骤4 保证营养不流失

刚敷完面膜，水分和精华还未被皮肤完全吸收，如果面部直接暴露在空气中，水分和精华就会很快蒸发掉，因此，敷完面膜后应该马上进行护肤——涂抹乳液。乳液可以将面部刚刚吸收到的水分和精华锁住，使保湿效果更加持久。

美肤 升级——按摩

敷完面膜后进行按摩，可以让面膜中的养分更容易被吸收，使美肤的效果事半功倍，掌握按摩的基本手法就显得尤为重要。

按摩的基本手法

1. 指压：用食指指腹轻轻按压穴位。

2. 向上抚摩：4指并拢，用手掌掌心向上抚摸、提拉皮肤。

3. 夹捏：用大拇指和食指夹捏面部肌肉。

4. 指关节按压：双手握拳，用指关节按压面部。

5. 画圈按压：用食指指腹或食指和中指指腹在面部画圈，进行按摩。

去黑眼圈

用食指指腹沿眼头—太阳穴—眼尾轻轻按压，可以促进眼周的血液循环，达到改善眼部水肿、消除眼部疲劳，以及去黑眼圈的效果。

紧致皮肤

1. 用食指指腹轻轻按压面部轮廓，可以舒缓皮肤。

2. 用双手食指和中指指腹轻轻按压双眼瞳孔垂直下方约 1 指宽的部位。

3. 用双手食指指腹轻轻按压嘴角，可以缓解皮肤松弛。

恢复皮肤弹性

1. 用双手拇指和食指指腹向外轻拉嘴角肌肉，可以淡化法令纹。

2. 并拢4指，向外轻拉面颊肌肉，可以增加面部皮肤弹性。

3. 并拢4指，用双手手掌从下颌向发际方向推拉皮肤，可以美化面部线条，紧致皮肤。

4. 将双手拇指和食指指腹分别置于眉头和额头，分别向上向外轻拉皮肤，可以舒缓抬头纹。

5. 将双手食指和中指指腹分别置于眉头和额头，分别向上向外轻拉皮肤，可以减少额头皱纹，增加皮肤弹性。

6. 将中指指腹置于眉心，向上提拉额头皮肤，可以美化额部线条，减少皱纹，增加皮肤弹性。

检查 皮肤问题，各个击破

检查皮肤是否有黑头、毛孔粗大、斑、痘痘、红血丝、过敏、角质层较厚、皱纹明显增多等问题。

下面，让我们针对皮肤的具体情况，各个击破，制定一个完美的皮肤拯救计划吧！

JIEFUPAIDU
MIANMO

第二章

洁肤排毒 面膜

　　清洁是美肤的第一步，皮肤需要彻底地"打扫"。如果不能彻底清洁皮肤，清除毛孔中的油脂和污垢，即使你的保养工作做得再完美，你的皮肤也无法完全吸收养分，而这些养分甚至会成为你毛孔中细菌滋生的助力，引起很多皮肤问题。给皮肤来个大清扫吧，你就可以轻松解决令你困扰已久的皮肤问题。

清洁 > 去角质，美肤第一步

如何正确洁面

洁面一定要彻底，不能马虎，特别是 T 区，要仔细清洁：5 指张开，轻轻向上打圈，水温 40℃，比手温稍高即可，用手捧水向脸上泼，一定要用洗面奶洗干净，用热水洗过后，再用冷水泼脸 20 次左右即可，清洁后不要用毛巾擦干，要用手拍干。

普通清洁：

1. 秋季要使用不起泡的温和洁面产品，洁面时可用双手在面部轻轻按摩，效果更佳。

2. 如果你的皮肤属于超油型，你可以采用先温水后冷水的洁面步骤，可以起到收缩毛孔的作用。

深层清洁：

1. 涂抹面膜的厚度要覆盖毛孔。

2. 秋季敷面膜的时间要比夏季长。

选择适合自己的洁面产品

干性皮肤——温和、乳液状、低泡、弱酸性、保湿的洁面产品。

中性皮肤——温和、弱酸性、保湿的洁面产品。

混合性皮肤——最好能够使用 2 种洁面产品分别清洁。

油性皮肤——泡沫丰富、清洁力较强的洁面产品。

敏感性皮肤——与干性皮肤类似，适合温和无刺激的洁面产品。

痘痘皮肤——温和的洁面产品。

去角质，有高招

在进行皮肤护理前，一定要先去除角质才能使美肤效果事半功倍。否则，皮肤上厚厚的角质会使皮肤无法吸收养分，即使补给再多的营养，也无济于事。如何高效去角质呢？教你 3 招。

高招 1：去角质次数不要频繁

不管你使用何种去角质的方法，都不要过于频繁，1 周 1 次即可，否则容易刺激表皮细胞增生，反倒造成角质增生。

高招 2：敏感皮肤用酵素性面膜

如果你的皮肤敏感又容易破皮，最好使用酵素性的面膜温和去角质。

高招 3：敷脸要照顾到细节

鼻翼、嘴角部位容易囤积黑色素，十分敏感，去除这些部位的角质最好的方法就是敷脸，1 周 1 次即可。

清洁 去角质

胡萝卜玉米粉面膜

功　　效：	深层清洁去角质，淡斑祛痘
适合皮肤：	任何皮肤
使用次数：	1周1次
美丽成本：	2元

[材料]

胡萝卜1/2根，玉米粉2小勺。

[制作方法]

将胡萝卜放入果汁机中搅打成泥，倒入面膜碗中，加入玉米粉，搅拌均匀。

ᓂ使用方法

洁面后，将面膜用面膜刷均匀涂抹在面部，避开眼周和唇部，10～15分钟后用清水洗净即可。

ᓂ保存方法

不宜保存，一次用完。

美容原理

胡萝卜和玉米粉都含有丰富的胡萝卜素，能有效滋润皮肤，具有去角质和清洁的功效。胡萝卜中还含有丰富的维生素C、矿物质、挥发油等，能有效去除青春痘、淡化斑痕、治疗暗疮、祛皱。玉米粉具有美容养颜、延缓衰老等多种功效。

美颜课堂

去角质高手——胡萝卜

1. 颗粒按摩：用胡萝卜泥和玉米粉中的颗粒进行面部按摩，能轻松去角质。

2. 胡萝卜汁去角质化妆水：将胡萝卜放入榨汁机中榨取汁液，将胡萝卜汁涂抹在面部，能有效去除瑕疵、改变色素沉着。

杏仁粗盐面膜

功　　效：	去角质，提亮肤色
适合皮肤：	任何皮肤
使用次数：	1周1次
美丽成本：	4元

[材料]

杏仁粉4大勺，粗盐2大勺，水适量。

[制作方法]

将杏仁粉放入面膜碗中，加入适量水，调成糊状。加入粗盐，搅拌均匀。

↦ 使用方法

洁面后，将面膜用面膜刷均匀涂抹在面部，避开眼周和唇部，10～15分钟后用清水洗净即可。

↦ 保存方法

将剩余面膜密封存放于冰箱冷藏1～3天。

美容原理

　　杏仁中丰富的维生素A能滋润面部皮肤，改善皮肤黯哑现象。粗盐具有磨砂作用，能去除皮肤老废细胞。杏仁与粗盐搭配具有良好的去角质功效，可以使面部皮肤光洁亮丽、富有弹性。

美颜课堂

食盐＋按摩＝高效去角质

　　1.去除面部角质：洁面后，待面部水分稍干，将食盐涂抹于面部，并结合面部按摩，30秒后用大量清水冲洗，光滑细致的皮肤将立刻显现，1周1次即可。

　　2.去除身体角质：将食盐加入浴液中，每周按摩1次，可有效去除全身角质，使皮肤更娇嫩。

红豆酸奶面膜

功　效：	深层清洁去角质，细致毛孔
适合皮肤：	油性皮肤、混合性皮肤、敏感性皮肤
使用次数：	1周1次
美丽成本：	2元

[材料]

红豆粉 10g，酸奶 10ml。

[制作方法]

将红豆粉放入面膜碗中，加入酸奶，搅拌均匀，调成糊状。

↪使用方法

洁面后，将面膜用面膜刷均匀涂抹在面部，避开眼周和唇部，10～15分钟后，用清水洗净即可。

↪保存方法

不宜保存，一次用完。

 **美容原理**

　　红豆粉中的细微颗粒可以充分渗入皮肤毛细孔中，具有清除脏污和按摩皮肤的功效。酸奶中丰富的乳酸可以舒缓皮脂细胞结合、促进皮肤新生。红豆粉与酸奶搭配不仅可以深层清洁皮肤，还能促进皮肤新生、细致毛孔。

美颜课堂

让皮肤畅快呼吸

　　角质层厚实的 T 区最适合敷用此款面膜，不必使用洗面奶洁面，只需用温水洗净，就能让皮肤上的老废角质去除得干干净净，使皮肤充满亮泽。

苹果奶酪蜂蜜面膜

功　　效：	深层清洁去角质
适合皮肤：	油性皮肤
使用次数：	1周1次
美丽成本：	4元

[材料]

奶酪 1 小片，蜂蜜 2 大勺，苹果 1/2 个，
1 个鸡蛋清，水、
燕麦片各适量。

[制作方法]

将燕麦片研磨成粉末，放入沸水中搅拌
均匀，用大火煮至糊状。将苹果洗净，
去皮去核，切成小块，倒入榨汁机中，
榨取汁液。将苹果汁、蛋清、奶酪、蜂
蜜加入燕麦糊中，搅拌均匀，调成糊状。

↬使用方法

洁面后，将面膜用面膜刷均匀涂抹
在面部，避开眼周和唇部，10～15
分钟后用清水洗净即可。

↬保存方法

不宜保存，一次用完。

美容原理

　　奶酪中的有机酸有很好的杀菌作
用。苹果中的维生素 C 可以促使黑色素
排出体外，并抑制色斑的形成。奶酪、
苹果与燕麦搭配使用，能使皮肤充分摄
取材料中的 B 族维生素，可有效去除角
质，清除黑色素，深层清洁皮肤，排除
皮肤污垢与毒素。

美颜课堂

小美女美颜经

　　每天早起空腹喝 1 杯淡盐水，每天
晚上睡前喝 1 杯蜂蜜水，更有助于美容
养颜。

番茄蜂蜜面膜

功　　效：	去角质，美白补水
适合皮肤：	任何皮肤
使用次数：	1周1次
美丽成本：	2元

[材料]

番茄2个，蜂蜜和淀粉各适量。

[制作方法]

将番茄挖子，只留果肉，切成小块，捣成泥状，放入面膜碗中，加入少量蜂蜜和淀粉，搅拌均匀，调成糊状。

↬使用方法

洁面后，将面膜用面膜刷均匀涂抹在面部，避开眼周和唇部，10～15分钟后用清水洗净即可。

↬保存方法

不宜保存，一次用完。

美容原理

番茄中的茄红素具有高度抗氧化和对抗自由基的作用，番茄还蕴含丰富的维生素C，具有美白皮肤、平衡油脂的作用，加入少量蜂蜜能有效去除面部死皮，为皮肤补充水分。

美颜课堂

番茄＋白砂糖＋按摩＝祛油＋美白

直接用番茄果肉沾取白砂糖，在面部轻轻按摩，一定要注意力度不能过大，按摩3～5分钟即可。

燕麦木瓜面膜

功　　效：	清洁去角质，美白补水
适合皮肤：	任何皮肤
使用次数：	1周1次
美丽成本：	2元

[材料]

木瓜 1/5 个，燕麦粉 2 小勺。

[制作方法]

将木瓜洗净，去皮去籽，捣成泥状，倒入面膜碗中。加入燕麦粉，搅拌均匀，调成糊状。

↪使用方法

洁面后，将面膜用面膜刷均匀涂抹在面部，避开眼周和唇部，10 ~ 15 分钟后用清水洗净即可。

↪保存方法

将剩余面膜密封存放于冰箱冷藏 1 ~ 5 天。

美容原理

　　燕麦中含有燕麦蛋清、燕麦肽、燕麦 β 葡聚糖、燕麦油等成分，具有抗氧化、增加皮肤活性、延缓皮肤衰老、美白保湿、减少皱纹和色斑以及抗过敏等功效。木瓜含有木瓜酵素，具有良好的清洁与柔肤效果，能很好地美白、滋润皮肤。木瓜与燕麦搭配使用，能使皮肤柔软、润白、有光泽。

美颜课堂

内食外敷让皮肤更美丽

　　木瓜是"百益果王"，经常食用木瓜不仅可以排毒养颜，还能减肥丰胸。用木瓜做面膜的同时，不要忘了还可以吃出美丽。

柠檬燕麦酸奶面膜

功　　效：	去角质，补水保湿
适合皮肤：	任何皮肤
使用次数：	1周1次
美丽成本：	4元

[材料]

燕麦片45g，酸奶50ml，柠檬1个，蜂蜜10ml。

[制作方法]

将燕麦片研磨成粉末，倒入面膜碗中，加入酸奶和蜂蜜，搅拌均匀。将柠檬洗净去皮，用榨汁机榨取汁液，倒入面膜碗中，搅拌均匀，调成糊状。

⤷**使用方法**

洁面后，将面膜用面膜刷均匀涂抹在面部，避开眼周和唇部，以轻轻画圈的方式按摩3～4分钟，用清水洗净即可。

⤷**保存方法**

不宜保存，一次用完。

美容原理

蛋清质是燕麦最主要的成分之一，可以吸收、锁住皮肤角质层水分，具有非常好的保湿功效。此款去角质面膜融合了燕麦、酸奶、柠檬、蜂蜜中的多种维生素和各种营养物质，能够活跃皮肤细胞，增强细胞的生命力，使皮肤富有弹性，而且白皙有光泽。

美颜课堂

燕麦片在使用前一定要先研磨成细小的颗粒，以免使皮肤受到伤害。

柠檬精油燕麦蛋黄面膜

功　　效：	去角质，去黑头，深层清洁肌肤
适合皮肤：	中性、干性肌肤，不可用于敏感性肌肤
使用次数：	1 周 1 次
美丽成本：	3 元

[材料]

柠檬 1/2 个，鸡蛋 1 个，燕麦粉 1 勺，橄榄油 2 滴。

[制作方法]

将 1/2 个柠檬挤出汁液，鸡蛋用分离器取蛋黄，加入燕麦粉、橄榄油搅拌均匀。

⤙ 使用方法

洁面后，将面膜用面膜刷均匀地涂抹在面部，20 分钟后，用清水洗净即可。

⤙ 保存方法

现做现用，不宜保存。

 **美容原理**

　　柠檬汁能彻底清洁肌肤；燕麦是很好的洁肤高手，因为其具有粒状组织结构、水溶性和非水溶性纤维，这些都能够很好地清洁肌肤，而且还含有大量的蛋清质、B 族维生素、叶酸、钙、铁等，具有一定的润肤功效。

核桃蛋黄面膜

功　效：	去除角质，滋润皮肤
适合皮肤：	任何皮肤
使用次数：	1 周 1 次
美丽成本：	2 元

[材料]

鸡蛋 1 个，核桃仁 15g，蜂蜜 10ml。

[制作方法]

1. 将核桃仁研磨成粉末。
2. 把鸡蛋打碎，滤出蛋黄备用。
3. 将蛋黄、核桃仁末、蜂蜜搅拌均匀即可。

↬使用方法

1. 将面膜敷于面部，避开眼部、唇部的皮肤。
2. 静待 30 分钟左右，用温水洗净即可。

↬保存方法

玻璃器皿密封放入冰箱内冷藏，并于 14 天内用完。

 **美容原理**

核桃中含有丰富的磷脂，可以使皮肤细胞充满活力，让皮肤更加细致柔滑。滋润皮肤的同时保护皮肤不受伤害。

祛油 清爽皮肤，摆脱油腻烦恼

祛油的方法你用对了吗

1.1 ～ 2 周使用 1 次清洁面膜很有必要，不要频繁使用撕剥型面膜，最好选用清洗型面膜。

2. 不要过分依赖吸油面纸，频繁使用吸油面纸可能使皮肤发出变干的错误信号而诱发皮脂过度分泌。

3. 深层清洁面膜和调节水油平衡面膜都能起到很好的控油作用。

4. 控油＋保湿＝高效祛油。

祛油七大妙方

1. 补水法：祛油的同时一定要结合补水，你可以随身携带喷雾，或者使用补水面膜，同时还要坚持大量喝水以补充水分。

2. 急救法：用冷水冰一下面部，让毛孔缩小，再使用控油产品，效果更佳。

3. 睡眠法：充足的睡眠可以有效缓解疲劳、熬夜、忧虑等引发的"减压油"。

4. 精油法：葡萄柚和鼠尾草能够快速控油，还可以美白和收紧面部皮肤。

5. 香水法：用柠檬汁和黄瓜汁混合敷脸，面部油腻问题比较严重者，还可以再加入几滴纯正的法国古龙水，祛油效果极好。

6. 洗脸法：用浓茶水洗脸，可以收到良好的控油效果。

7. 民间方：将蛋黄打匀敷面 10 分钟，每晚坚持使用，可以有效控油。

敲打胆经高效洁面

每天敲打胆经，可以清洁面部皮肤，使皮肤干净清爽。

《黄帝内经》里说到如果胆经出现了问题，"甚者面微有尘"。如果肝胆之气郁结，胆汁就不能正常排泄了，不仅影响消化，嘴里还会发苦。时间久了，油脂不能正常代谢，就会附着在皮肤表面，出现肤色偏黄，"面微有尘"，这时敲打胆经，就可以改善这种状况。

方法：在坐着的时候，将双手握拳，用两个拳头分别敲打双腿的外侧，要从上向下顺着经络的方向敲打。胆经的气血在 23：00 ～凌晨 1：00 最旺盛，此时敲打胆经效果最好。

油腻 一扫光

草莓牛奶蜂蜜面膜

功　　效：	祛油补水，美白滋养
适合皮肤：	油性皮肤、混合性皮肤
使用次数：	1 周 1 次
美丽成本：	5 元

[材料]

草莓 4 颗，面粉 1 小勺，牛奶 50ml，蜂蜜 1 小勺。

[制作方法]

将草莓洗净，放入榨汁机中，榨取汁液，倒入面膜碗中，加入面粉、牛奶和蜂蜜，搅拌均匀。

❍► 使用方法

洁面后，将面膜用面膜刷均匀涂抹在面部，避开眼周和唇部，10 ～ 15 分钟后用清水洗净即可。

❍► 保存方法

不宜保存，一次用完。

 美容原理

牛奶能为皮肤提供封闭性油脂，形成薄膜，以防皮肤水分蒸发，还能暂时提供水分，可保证皮肤的光滑润泽。蜂蜜具有保湿和滋养的功效。草莓含有丰富的维生素 C，可以促进伤口愈合，并使皮肤细腻而有弹性。面粉具有美白的功效。

美颜课堂

养颜草莓粥

取草莓 100g、大枣 50g、荔枝干 30g、糯米 150g，放入锅中，加适量水熬粥，经常食用可以改善女性气虚贫血的状况，具有美颜养生的功效，可使女性气色红润。

木瓜牛奶蜂蜜面膜

功　　效：	祛油，抗过敏
适合皮肤：	油性皮肤、敏感性皮肤
使用次数：	1周1次
美丽成本：	4元

[材料]

木瓜 20g，蜂蜜 15ml，鲜牛奶 50ml，
薰衣草精油 2 滴。

[制作方法]

将木瓜洗净，去皮去籽，切成小块，
放入果汁机中榨成泥状，倒入面膜碗
中。将鲜牛奶、蜂蜜、薰衣草精油倒
入木瓜泥中，搅拌均匀。

↪使用方法

洁面后，将面膜用面膜刷均匀
涂抹在面部，避开眼周和唇部，
10～15 分钟后用清水洗净即可。

↪保存方法

不宜保存，一次用完。

美容原理

　　木瓜可以抵抗皮肤过敏，使皮肤美白
亮丽。牛奶能为皮肤提供封闭性油脂，形成
薄膜以防皮肤水分蒸发，还能暂时提供水分，
可以保证皮肤的光滑润泽。薰衣草精油具有极
强的杀菌消炎功效，可以缓解皮肤表皮长青
春痘、粉刺、痤疮等症状，并能修复受损细胞，
促进细胞再生。

美颜课堂

　　木瓜面膜刚敷在面部时会有轻微的刺痛
感，但一般 1 分钟后就会自然消失，如果刺痛
感比较明显，应立即用清水将面膜洗净。

酵母粉酸奶面膜

功　　效：	祛油控油，排毒祛痘
适合皮肤：	油性皮肤、混合性皮肤、敏感性皮肤
使用次数：	1周1次
美丽成本：	2元

[材料]

酵母粉1小勺，原味酸奶2大勺。

[制作方法]

将酵母粉和原味酸奶放入面膜碗中，搅拌均匀，调成糊状。

⤳使用方法

洁面后，将面膜用面膜刷均匀涂抹在面部，避开眼周和唇部，10～15分钟后用清水洗净即可。

⤳保存方法

将剩余面膜密封存放于冰箱冷藏1～3天。

美容原理

　　酵母粉能有效嫩白皮肤，均衡面部水油成分，促进毛孔紧缩，使皮肤细腻，并能有效控制粉刺的产生。酸奶中所含的高活性无机矿物质、微量元素锌及维生素衍生物可为皮肤排毒，减少痤疮的产生。

美颜课堂

美白牙齿小妙法

　　酵母粉还有美白牙齿的功效，每天刷牙时加一点酵母粉，牙齿可以很快变白。

胡萝卜柠檬酸奶面膜

功 效:	高效祛油，美白滋养
适合皮肤:	油性皮肤、敏感性皮肤
使用次数:	1周1次
美丽成本:	4元

[材料]

胡萝卜 1/3 个，柠檬汁 10ml，酸奶 15ml。

[制作方法]

将胡萝卜去皮，放入果汁机中搅打成泥，倒入面膜碗中，加入柠檬汁和酸奶，搅拌均匀。

↦使用方法

洁面后，将面膜用面膜刷均匀涂抹在面部，避开眼周和唇部，10 ~ 15 分钟后，用清水洗净即可。

↦保存方法

不宜保存，一次用完。

美容原理

胡萝卜中的维生素 A 能够保持皮肤湿润、细嫩。柠檬汁有很强的杀菌作用，能有效去除面部油脂，消除面疱、使面部皮肤清洁、紧实。酸奶有滋润、美白、保湿的功效，能柔嫩皮肤，促进皮肤新陈代谢，使毛孔细致。胡萝卜、柠檬汁与酸奶搭配既能高效祛油、清洁皮肤，还能很好地滋养、美白、紧致皮肤，是一款多功能面膜。

美颜课堂

搭配番茄胡萝卜汁，美肤效果加倍！
番茄胡萝卜汁

材料：胡萝卜 100g，番茄 100g，蜂蜜 10ml，水 150ml。

做法：将胡萝卜和番茄切成小块，放入榨汁机中，加入蜂蜜和水，搅打成汁即可，不必过滤。

香蕉柠檬面膜

功 效：	祛油控油，滋养锁水
适合皮肤：	油性皮肤、混合性皮肤
使用次数：	1 周 1 次
美丽成本：	3 元

[材料]

香蕉 1 根，柠檬 1/2 个。

[制作方法]

将香蕉和柠檬连皮放入果汁机中，搅拌均匀，调成糊状。

⤳ 使用方法

洁面后，将面膜用面膜刷均匀涂抹在面部，避开眼周和唇部，10 ～ 15 分钟后用清水洗净即可。

⤳ 保存方法

不宜保存，一次用完。

美容原理

香蕉中的膳食纤维能有效改善皮肤油脂分泌问题。柠檬果实富含维生素 C 和柠檬酸，柠檬果皮油胞中含有柠檬油和维生素 P，能有效滋养皮肤、锁住水分。

美颜课堂

柠檬皮洁面

将 1/2 个柠檬皮泡在适量水中，冷水或者热水都可以，泡一整晚，第二天用柠檬皮水来洁面，可以使面部皮肤变得光滑，而且感觉很舒服，其效果可以媲美洗面奶。

苹果吸油面膜

功　　效：	高效祛油，细致毛孔
适合皮肤：	任何皮肤
使用次数：	1周1次
美丽成本：	3元

[材料]

苹果2个，面膜纸
1张。

[制作方法]

将苹果切块，放入榨汁机中榨取汁液。

↦使用方法

将化妆棉放入面膜中充分浸泡，洁面，将面膜纸均匀平铺在面部，15分钟后取下，用温水洗净即可。

↦保存方法

不宜保存，一次用完。

 美容原理

苹果不仅能高效祛油、缩小毛孔，还能深层滋养、美白皮肤。

美颜课堂

养生小吃招

将鲜苹果切碎捣烂，绞汁，熬成稠膏，加入适量蜂蜜搅拌均匀，每次1匙，用温开水送服，可用于胃阴不足、咽干口渴。

番茄柠檬面膜

功 效：	抗菌祛油，温和祛痘
适合皮肤：	任何皮肤
使用次数：	1周1次
美丽成本：	4元

[材料]

番茄1个，柠檬片6
片，面粉2小勺。

[制作方法]

将番茄和柠檬片捣成泥状，加入面粉，
搅拌均匀。

↪使用方法

洁面后，将面膜用面膜刷均匀涂抹在
面部，避开眼周和唇部，10 ～ 15 分
钟后用清水洗净即可。

↪保存方法

不宜保存，一次用完。

 美容原理

　　番茄具有抗真菌、消肿的作用。柠
檬有很好的清洁作用。番茄与柠檬搭配
使用能温和、高效地清洁皮肤，祛除油
腻，温和祛痘，使皮肤光滑、润泽，此
款面膜特别适合油性皮肤，祛油效果非
常好。

 美颜课堂

　　健康美人喝出来

　　每天早晨喝1杯柠檬水可以使眼睛
更有神、皮肤更白皙，还能有效清除体
内垃圾。

苹果蜂蜜蛋清面膜

功　　效：	祛油祛痘，美白淡斑
适合皮肤：	油性皮肤、混合性皮肤
使用次数：	1周1次
美丽成本：	3元

[材料]

苹果1个，蜂蜜1小勺，蛋清1个。

[制作方法]

将苹果削皮后捣烂成酱状，加入蛋清和蜂蜜，搅拌均匀。

↪使用方法

洁面后，将面膜用面膜刷均匀涂抹在面部，避开眼周和唇部，10～15分钟后用清水洗净即可。

↪保存方法

不宜保存，一次用完。

美容原理

　　苹果含有丰富的微量元素、维生素和胡萝卜素等，对皮肤有营养、滋润、细滑、白腻、缩小毛孔、祛油的效果。蛋清具有去黑头、收缩毛孔的功效。此款面膜特别适用于毛孔粗大、易长粉刺的皮肤，还可缓解皮肤长暗疮、雀斑、黑斑等症状。

美颜课堂

　　做个肠美人

　　每天吃1个苹果，不仅可以减肥，还能帮助消化。

红豆排毒面膜

| 功　　效：清爽排毒 |
| 适合皮肤：任何皮肤 |
| 使用次数：1周1～2次 |
| 美丽成本：2元 |

[材料]

红豆100g，清水适量。

[制作方法]

将红豆洗净，放入沸水中煮30分钟左右，直至红豆软烂。将煮烂的红豆放入果汁机中充分搅拌，打成红豆泥，冷却后使用。

↪使用方法

洁面后，将面膜用面膜刷均匀涂抹在面部，避开眼周和唇部，10～15分钟后用清水洗净即可。

↪保存方法

不宜保存，一次用完。

美容原理

红豆具有清热解毒的功效，能促使皮肤迅速排出油脂，有效控制痤疮，让皮肤更加健康、嫩滑、清透。

美颜课堂

红豆一定要煮至软烂，可以防止粗糙的红豆颗粒磨伤皮肤。

大白菜叶面膜

功　　效：	排毒祛痘，嫩白皮肤
适合皮肤：	任何皮肤
使用次数：	1天1次
美丽成本：	1元

[材料]

大白菜叶 3 片，酒瓶 1 个。

[制作方法]

取新鲜的大白菜叶 3 整片，将菜叶洗净。将大白菜叶在干净的菜板上摊平，用酒瓶轻轻碾压 10 分钟左右，直至叶片呈网糊状。

↪使用方法

洁面，将网糊状的菜叶贴在面部，每 10 分钟更换 1 张叶片，连换 3 张。

↪保存方法

不宜保存，一次用完。

 美容原理

　　大白菜叶中含有丰富的维生素 C、维生素 E 和粗纤维，有治疗青春痘和嫩白皮肤的功效。

 美颜课堂

　　大白菜有凉血、杀菌和消炎的作用，所以，当人体因为内火或者脏脾不和、面部长痤疮和粉刺时，可以敷大白菜叶面膜。

草莓番茄面膜

功　　效：	清热排毒，美白防晒
适合皮肤：	任何皮肤
使用次数：	1周1～2次
美丽成本：	3元

[材料]

番茄1个，草莓2个。

[制作方法]

将番茄洗净，去皮。将草莓去蒂洗净，将它们放入榨汁机中榨取汁液，搅拌均匀。

⋙使用方法

洁面后，将面膜用面膜刷均匀涂抹在面部，避开眼周和唇部，10～15分钟后用清水洗净即可。

⋙保存方法

将剩余面膜密封存放于冰箱冷藏1～2天。

 **美容原理**

　　番茄中含有丰富的维生素A和维生素C，能够补充皮肤所需要的营养。番茄有抗真菌、消肿的作用。番茄中还含有番茄红素，番茄红素具有很强的抗氧化活性，能有效防晒、防紫外线。草莓同样具有抗氧化、抗病毒细菌的功效，此款面膜清热排毒的效果显著，且具有美白功效。

 **美颜课堂**

　巧去番茄皮的方法

　　1.将开水浇在番茄上，或者把番茄放入开水中焯烫一下，番茄皮就会很容易被剥掉。

　　2.把番茄从尖部到底部都细细地用勺刮一遍，使番茄的外皮和内部的果肉贴得更紧密，这时再用手撕番茄皮，就很容易了。

芳香排毒面膜

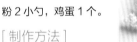

功　　效：	排毒控油，美白补水
适合皮肤：	油性皮肤
使用次数：	1周2次
美丽成本：	3元

[材料]

薰衣草精油2滴，绿茶
粉2小勺，鸡蛋1个。

[制作方法]

将绿茶粉倒入面膜碗中，打入鸡蛋，搅
拌均匀，调成糊状，再滴入2滴薰衣草
精油，搅拌均匀。

⤷使用方法

洁面后，将面膜用面膜刷均匀
涂抹在面部，避开眼周和唇部，
10～15分钟后用清水洗净即可。

⤷保存方法

不宜保存，一次用完。

 **美容原理**

　　薰衣草精油是由薰衣草提炼而成的，
具有清热解毒、清洁皮肤、控制油分、
淡斑美白、祛皱嫩肤、去除眼袋及黑眼圈
的功效。绿茶粉具有清洁皮肤、补水控油、
淡化痘印、促进皮肤损伤恢复的功效。蛋
清能有效收缩毛孔。

 **美颜课堂**

　　如果皮肤被蚊虫叮咬或者留下青春痘
疤痕，可以直接将薰衣草精油滴在脱脂棉
签上，涂抹于患部，可以缓解发炎，帮
助愈合。

苦瓜排毒面膜

功 效： 排毒镇静，保湿美白

适合皮肤： 任何皮肤

使用次数： 1周1次

美丽成本： 3元

[材料]

苦瓜1片，茶树精油1滴，蜂蜜1小勺，绿豆粉2小勺，纯净水适量。

[制作方法]

将苦瓜洗净，连皮磨成泥状，加入茶树精油、蜂蜜、适量纯净水搅拌，再加入绿豆粉搅拌均匀。

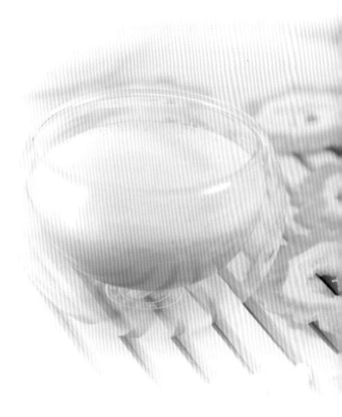

↪使用方法

洁面后，将面膜用面膜刷均匀涂抹在面部，避开眼周和唇部，10～15分钟后用清水洗净即可。

↪保存方法

将剩余面膜密封存放于冰箱冷藏1～5天。

美容原理

苦瓜含有多种营养物质，能帮助皮肤有效排除毒素，滋润白皙皮肤，还具有镇静和保湿的功效。茶树精油可以改善伤口感染的化脓现象。绿豆粉有抗菌活性和抑菌抗病毒的作用。蜂蜜能滋养皮肤。

美颜课堂

苦瓜具有滋润、白皙、镇静、保湿皮肤的功效，特别是在燥热的夏季，敷上冰过的苦瓜片，能缓解皮肤干燥的现象。

胡萝卜排毒面膜

功　　效：排毒祛痘，淡斑抗皱

适合皮肤：任何皮肤

使用次数：2天1次

美丽成本：2元

[材料]

鲜胡萝卜500g，面粉5g。

[制作方法]

将鲜胡萝卜榨取汁液，加入面粉，搅拌均匀。

↦使用方法

洁面后，将面膜用面膜刷均匀涂抹在面部，避开眼周和唇部，10～15分钟后用清水洗净即可。

↦保存方法

不宜保存，一次用完。

 **美容原理**

胡萝卜富含糖类、脂肪、挥发油、胡萝卜素、花青素、钙、铁、维生素A、维生素C和B族维生素等营养成分，具有祛痘、淡化斑痕、治疗暗疮、抗皱纹的功效。

 **美颜课堂**

胡萝卜生食可养血，熟食可补身。

黄瓜芦荟排毒面膜

| 功　　效：排毒消炎，美白保湿 |
| 适合皮肤：任何皮肤 |
| 使用次数：1周1～2次 |
| 美丽成本：2元 |

[材料]

黄瓜 1/2 根，芦荟 1 片，面膜纸 1 张。

[制作方法]

将黄瓜和芦荟放入榨汁机中，榨取汁液，用纱布过滤掉多余的果渣。

美容原理

芦荟含有皂苷、多种氨基酸和矿物质，具有很好的消炎、抗菌、保湿、美白的功效，是消炎排毒的美容佳品。芦荟与黄瓜搭配可以促使皮肤摄取维生素 C、氨基酸黏多糖，能有效清洁皮肤深层污垢，促进皮肤新陈代谢，使皮肤更加嫩滑，排毒效果好。

↣使用方法

将面膜纸放入面膜中充分浸泡，洁面，将面膜纸均匀平铺在面部，10 分钟后取下，用温水洗净即可。

↣保存方法

将剩余面膜密封存放于冰箱冷藏1 ～ 3 天。

美颜课堂

不要忘了防过敏试验

新鲜的芦荟汁很容易诱使过敏体质的人体产生接触性皮炎，造成皮肤红肿、起水泡，所以在使用含有芦荟的面膜前，一定要先取少量面膜涂抹于手腕内侧进行防过敏试验，确定皮肤不会过敏时再使用，而且使用的频率不宜过高、时间不宜过长。

酸奶排毒面膜

功　效:	排毒祛痘，美白淡斑
适合皮肤:	任何皮肤
使用次数:	3天1次
美丽成本:	3元

[材料]

酸奶3大勺，蜂蜜2大勺，燕麦片3大勺。

[制作方法]

将酸奶、燕麦片倒入面膜碗中搅拌均匀，加入蜂蜜调至黏稠状。

↬ 使用方法

洁面后，将面膜用面膜刷均匀涂抹在面部，避开眼周和唇部，10 ～ 15 分钟后用清水洗净即可。

↬ 保存方法

不宜保存，一次用完。

美容原理

　　酸奶可以防止皮肤角化和干燥，酸奶中的高活性无机矿物质、微量元素锌及维生素衍生物可为皮肤排毒，减少痤疮的产生。燕麦中含有燕麦蛋清、燕麦肽、燕麦 β 葡聚糖、燕麦油等成分，具有抗氧化功效，能增加皮肤活性、延缓皮肤衰老、美白保湿、减少皱纹色斑、抗过敏。

美颜课堂

　　每天坚持喝酸奶，做个小美人
　　每天坚持喝酸奶，不仅可以有效清肠，还能清洁皮肤，让你从内到外都变得干净舒畅，成为名副其实的小美人。

第三章

保湿美白 **面膜**

　　所谓一白遮百丑，美白是女人一生的功课。不想成为"黄脸婆"，也
不想 当"黑美人"，那么，美白工作可不能懈怠。用心经营美丽，为自己
量身制作美白面膜，将美白难题个个击破，让美白无暇。

美白是女人一生的功课

要想美白更彻底，就一定要赶跑斑点

黑色素是美白的阻碍因素之一，黑色素是由黑色素细胞合成的。皮肤的黑色素细胞主要分布在表皮的基底层，要想淡斑，本质上就是要祛除这些沉积在皮肤深层中的黑色素。

紫外线是阻碍美白的另一大因素，当皮肤接触紫外线，就会产生一种叫麦拉宁的褐色色素，而麦拉宁原本的功效是保护任务完成后，就会变成污垢剥落。当身体新陈代谢欠佳，部分色素会留在皮肤表层，形成黑斑。

皮肤细胞受到紫外线照射后极易氧化，会产生一种叫过氧化脂质的有害物质，这种物质同样会对真皮层造成伤害。

生活不规律、压力大、偏食、睡眠不足等不良生活习惯，也会令黑色素增加，睡眠不佳细胞代谢就会出现紊乱，导致黑色素增加、色斑生成。

女人在经期、妊娠期极易出现内分泌失调，是黑色素产生的高峰期。在这个时期，女性的皮肤会更加脆弱，黑色素更不容易祛除。

长斑的元凶无非这几个，从现在开始改变生活和饮食方式，你就可以从源头上减少长斑的可能。

将防晒进行到底

美白一定要做好防晒工作，夏日炎炎，出门一定要抹防晒霜，打遮阳伞，带太阳镜，全副武装，将防晒进行到底。

补水必不可少，让皮肤喝足水分。晒后还要及时护理，敷具有晒后修护作用的美白面膜。

夜晚，则需以美白护肤用品悉心呵护皮肤，让皮肤更加洁净无瑕。从美白基础保养到美白保养面膜，都能针对不同的肤质与肌龄，给予皮肤完美的终极白皙。

内养外调

美白先强肺：美白皮肤非一朝一夕的事。要想肤色白里透红，必先加强肺部的功能，长期食用莲子百合粥便能达到如此效果。

饮食也美白

注意饮食，通过饮食来达到美白的目的，虽然见效慢，但效果却更彻底。维生素 C、杏仁、牛奶、豆浆、珍珠粉等都是美白佳品，可以经常食用，而胡萝卜则会在皮肤的变白进程中起到阻滞作用，要尽量少食用。

威胁美白的"杀手"

1. 不适合的化妆品和错误的化妆方法

护肤品的选择尤其重要，要根据自己的肤质合理选择。化妆过程中化妆品进入毛孔，卸妆不彻底会伤害皮肤，造成色素沉淀。护肤品不适合引起的过敏症状也会导致黑斑的形成。

2. 饮食不合理

有些光敏性食物容易让人长黑斑，比如吃了柑橘后再经过紫外线照射，这样会比平时更容易长斑点，也会刺激黑色素生成。

3. 空气污染

空气污染会直接影响皮肤健康，隔离霜是护肤必备品。

4. 电磁辐射

电磁辐射对皮肤的损害特别大，高频电磁辐射容易造成面色焦黄黯淡。

5. 压力、抑郁、女性荷尔蒙

压力可使新陈代谢速度减慢，导致黑色素沉淀而形成黑斑。长期压力过大和睡眠不足会使皮肤分泌失控、油脂过多、产生痘痘。情绪低落容易影响自律神经中枢，从而影响激素的分泌，严重影响皮肤的健康。

6. 紫外线

紫外线是诱发黑色素产生、导致皮肤变黑的主要原因。日晒后，角质层会变厚，造成黑色素无法排出体外而留在真皮组织内，皮肤颜色随之加深。所以，一定要做好防晒工作。

美白6大妙招，打造白皙小美人

美白妙招1：睡前用小黄瓜敷脸，1个月就能让你变身白皙小美人。

美白妙招2：每天起床喝2杯水，其中1杯加入少量盐，可以清理肠胃。

美白妙招3：出门前一定要擦隔离霜及防晒乳，回到家后马上卸妆。

美白妙招4：先用温水再用冷水洁面，会让皮肤细腻白嫩。

美白妙招5：保证优质睡眠，做个睡美人。

美白妙招6：泡温泉，不仅可以让皮肤粉润光滑，还可以消除疲劳。

白里透红 好肤色

草莓牛奶面膜

功　　效：	保湿、嫩白肌肤，增强肌肤弹性
适合皮肤：	中性、油性、混合性肌肤
使用次数：	1周2次
美丽成本：	4元

[材料]

草莓4颗，鲜奶50ml。

[制作方法]

将草莓捣碎，用双层纱布过滤，将汁液混入鲜奶，搅拌均匀。

↷使用方法

洁面后，将草莓奶液涂于肌肤加以按摩，15分钟后，用清水洗净即可。

↷保存方法

现做现用，不宜保存。

 **美容原理**

　　草莓具有美容、消毒和收敛的作用，可增强肌肤弹性，具有美白和滋润保湿的功效。牛奶可以清热毒、润肌肤，长期使用这款面膜有助肌肤恢复自然光泽及娇嫩幼滑。

玫瑰花核桃仁面膜

功 效：	美白防斑，防皱抗衰
适合皮肤：	任何皮肤
使用次数：	1周1～2次
美丽成本：	4元

[材料]

干玫瑰花花瓣 10g，核桃仁 10g，面粉 10g，水适量。

[制作方法]

将核桃仁打磨成粉，加入面粉和适量水，搅拌均匀。在核桃仁糊中加入干玫瑰花花瓣，放在炉火上以小火煮至玫瑰花软化，使面糊成粉红色。

⮑使用方法

将面膜放凉，洁面，热敷，将面膜用面膜刷均匀涂抹在面部，避开眼周和唇部，10～15分钟后用温水洗净即可。

⮑保存方法

将剩余面膜密封存放于冰箱冷藏 1～3天。

美容原理

玫瑰花含有丰富的维生素 A、B 族维生素、维生素 C、维生素 E、维生素 K，以及单宁酸，可以促进血液循环、防皱，抑制黑色素沉着，防止色斑的产生。核桃仁含有多种微量元素，以及丰富的维生素 C，能有效补充皮肤营养，抗氧化。

美颜课堂

白里透红的美白秘笈——玫瑰花茶

将干玫瑰花 5～7 朵，嫩尖的绿茶 1 小撮，去核大枣 3 颗，每日用开水冲茶喝，可以去心火，保持精力充沛。长期饮用，能让你的皮肤白里透红，保持青春活力。

芝麻牛奶面膜

功　　效：	营养美白，润肤抗皱
适合皮肤：	任何皮肤
使用次数：	1周2次
美丽成本：	2元

[材料]

牛奶300ml，芝麻2大勺。

[制作方法]

将芝麻研磨成粉状，放入面膜碗中，加入牛奶，搅拌均匀，调成糊状。

↬使用方法

将面膜放凉，洁面，热敷，将面膜用面膜刷均匀涂抹在面部，避开眼周和唇部，10～15分钟后用温水洗净即可。

↬保存方法

将剩余面膜密封存放于冰箱冷藏1～3天。

 **美容原理**

牛奶可以防止皮肤干燥及黯沉，使皮肤白皙有光泽，牛奶中的乳清对黑色素有消除作用，可防治多种色素沉着，牛奶还能暂时提供水分，可保证皮肤的光滑润泽。芝麻可使皮肤白皙润泽。此款面膜能有效保湿、滋润皮肤，为皮肤提供营养，使皮肤白皙亮丽。

 **美颜课堂**

内服外敷，美肤加倍

食用前将芝麻磨成粉，或是直接购买芝麻糊，才能充分吸收芝麻的营养。经常食用芝麻，可以改善皮肤干燥粗糙的状况，令皮肤细腻光滑、红润有光泽。

白芷绿豆薏苡仁面膜

功 效：	美白淡斑、祛油消炎
适合皮肤：	任何皮肤
使用次数：	1周2～3次
美丽成本：	3元

[材料]

白芷粉1小勺，绿豆粉1小勺，薏苡仁粉1小勺，牛奶适量。

[制作方法]

将白芷粉、绿豆粉、薏苡仁粉倒入面膜碗中，加入适量牛奶，搅拌均匀，调成糊状。

↬使用方法

洁面，热敷，将面膜用面膜刷均匀涂抹在面部，避开眼周和唇部，10～15分钟后用温水洗净即可。

↬保存方法

将剩余面膜密封存放于冰箱冷藏1～5天。

美容原理

绿豆粉有消炎解毒的作用。薏苡仁粉可以美白淡斑，加入牛奶可以加强祛除黑色素的作用，并可清除面部多余油脂，达到净白皮肤的作用。白芷对美白淡斑有显著的作用，并可促进皮肤的新陈代谢，延缓皮肤衰老。

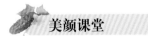

美颜课堂

白芷最早记载于《神农本草经》，白芷能"长皮肤、润泽颜色、可做面脂"，是历代医家都喜欢用的美容药，常用于改善粉刺、酒糟鼻、雀斑以及面部黄褐斑等皮肤现象。

豆腐酵母粉橄榄油面膜

功　　效：	美白润滑，祛皱嫩肤
适合皮肤：	干性皮肤、中性皮肤、敏感性皮肤
使用次数：	1周2～3次
美丽成本：	1.5元

[材料]

豆腐1小块，酵母粉2勺，橄榄油1/2勺。

[制作方法]

将豆腐碾碎，加入酵母粉和橄榄油调匀即可。

↬使用方法

洁面，热敷，将面膜均匀涂抹在面部，避开眼周和唇部，10～15分钟后用温水洗净即可。

↬保存方法

将剩余面膜密封存放于冰箱冷藏1～5天。

美容原理

豆腐的营养成分丰富，能有效美白滋润皮肤。酵母粉可以嫩白皮肤，平衡面部水油成分，促进毛孔紧缩，使皮肤细腻，并能有效控制粉刺的产生。橄榄油能有效保持皮肤弹性和润泽，减少面部皱纹，防止皮肤衰老。

美颜课堂

补充雌激素，吃出美丽

女性朋友到了一定年龄，因为雌激素分泌不足，易出现更年期综合征，豆腐中含有大量的雌激素——类黄酮，多食用豆腐可以很好地补充雌激素。

红酒蜂蜜面膜

功　　效：	细腻嫩白，补水保湿
适合皮肤：	油性皮肤、混合性皮肤
使用次数：	1 周 1 ~ 2 次
美丽成本：	5 元

[材料]

红酒 1 小杯，蜂蜜 2 勺，化妆棉 1 片。

[制作方法]

将蜂蜜和红酒倒入面膜碗中，搅拌均匀，调至浓稠状。

◦使用方法

洁面后，用化妆棉蘸取面膜均匀涂抹在面部，10 ~ 15 分钟后用温水洗净即可。

◦保存方法

不宜保存，一次用完。

美容原理

红酒中的果酸能促进角质新陈代谢，可以淡化色素，让皮肤更白皙、光滑。蜂蜜具有保湿和滋润的功效。

美颜课堂

内外兼修爱美丽

每天饮用 1 杯红酒，内外兼修，美肤效果好！

咖啡杏仁面膜

功　　效：	白里透红，淡斑祛皱
适合皮肤：	任何皮肤
使用次数：	1周1次
美丽成本：	3元

[材料]

蛋清 1 个，杏仁、咖啡粉各适量。

[制作方法]

将杏仁用热水泡软，捣成泥，加入咖啡粉和蛋清，搅拌均匀。

↪使用方法

每晚睡前，洁面，将面膜用面膜刷均匀涂抹在面部，避开眼周和唇部，次日清晨用温水洗净即可。

↪保存方法

将剩余面膜密封存放于冰箱冷藏 1 ～ 5 天。

美容原理

　　咖啡粉能润肤祛皱，使松弛皮肤紧绷，淡化黑斑，让皮肤白皙亮丽。杏仁能促进皮肤微循环，使皮肤红润有光泽。蛋清可以清热解毒、促进皮肤生长。此款面膜有淡化黄褐斑、老年斑的功效。

美颜课堂

咖啡美容又瘦身

　　用煮过的咖啡渣按摩不仅可使皮肤光滑，还有紧肤、美容的效果。如果用咖啡渣调配咖啡液，在容易囤积脂肪的小腹、大腿、腰臀等部位，沿着血液、淋巴流动的方向，朝心脏部位移动，能达到分解脂肪的减肥效果。

茶叶绿豆面膜

功　　效：	去除面部死皮，过敏性皮肤也能适用
适合皮肤：	任何肤质
使用次数：	1 周 1 ~ 2 次
美丽成本：	5 元

[材料]

袋泡茶叶 2 包，绿豆粉
10g，开水适量。

[制作方法]

在盛满开水的器皿内放入 2 包茶叶，随
后将其冷却。用冷却后的茶叶水调和绿
豆粉成泥状。取出泡过的茶叶，把绿豆
泥装入茶袋即可。

↔使用方法

1. 用装有绿豆泥的茶袋轻拍面部。
2. 5 分钟后重复 1 遍，再用温水
洗净脸部。

↔保存方法

此款面膜易变质，不宜保存，最
好一次性用完。

 **美容原理**

茶叶中的单宁酸能有效缓解皮肤炎
症，修复过敏性红斑，令皮肤回到健康
白皙的状态中。

 **美颜课堂**

茶叶中含有丰富的营养，所以经常
饮茶的人，其皮肤会显得特别滋润。

白芷绿茶绿豆面膜

功　效：	细腻嫩白，消炎抗衰
适合皮肤：	任何皮肤
使用次数：	1周2次
美丽成本：	2元

[材料]

绿茶粉 1 小勺，绿豆粉
1 小勺，白芷粉 1 大勺，
水适量，面纸 1 张。

[制作方法]

将绿豆粉倒入面膜碗中，加入白芷粉和
适量水搅拌，再加入绿茶粉，搅拌均匀，
调成糊状。

↝使用方法

洁面，热敷，将面膜用面膜刷均
匀涂抹在面部，避开眼周和唇部，
再铺上一层微湿的面纸，10～15
分钟后用温水洗净即可。

↝保存方法

将剩余面膜密封存放于冰箱冷藏
1～5 天。

美容原理

绿茶中含有维生素 C 和类黄酮，类
黄酮能增强维生素 C 的抗氧化功效，绿
茶中所含的单宁酸成分，具有收缩皮肤、
增加皮脂膜强度、健美皮肤的功效。绿
豆具有抗菌的功效。白芷除了具有解热、
镇痛、抗炎等功效，还能改善局部血液
循环，减少色素在皮肤组织中过度堆积，
促进皮肤细胞新陈代谢。

美颜课堂

健康绿茶浴

将喝过的绿茶渣（3 次的量）或泡
过水的绿茶包（3～5 包）用纱布包起
来，放入洗澡水中即可入浴，一次泡约
20 分钟。

但要注意，不要用隔夜茶泡澡。

将喝完的茶渣用来泡澡，内外兼修，
可以消除身体疲劳，加速身体血液循环和脂
肪消耗，更能达到纤体塑身的效果，兼
具美白功效。

木瓜酸奶面膜

功　　效：	美白滋润，柔肤嫩肤
适合皮肤：	油性皮肤、混合性皮肤、敏感性皮肤
使用次数：	1周2次
美丽成本：	4元

[材料]

木瓜 1/3 个，酸奶 3 大勺。

[制作方法]

将木瓜放入果汁机中，加入酸奶搅打成泥，搅拌均匀。

↪使用方法

洁面后，将面膜用面膜刷均匀涂抹在面部，避开眼周和唇部，10 ~ 15 分钟后用清水洗净即可。

↪保存方法

不宜保存，一次用完。

美容原理

木瓜含有木瓜酵素，具有优良的美白滋润、清洁柔肤的效果。木瓜搭配酸奶，美白嫩肤的效果更好。

美颜课堂

食用木瓜强肺美肤

木瓜有健脾消食的作用。木瓜中的木瓜蛋清酶，可将脂肪分解为脂肪酸。当肺部得到适当的滋润后，就能更好地行气活血，使身体更易吸收充足的营养，从而让皮肤变得光洁、柔嫩、细腻，同时使皱纹减少、面色红润。

美白 淡斑，美丽不留遗憾

果蔬淡斑面膜

功　　效：	美白淡斑，润肤祛皱
适合皮肤：	任何皮肤
使用次数：	1周1～2次
美丽成本：	3元

[材料]

苹果 1 个，鲜番茄 1 个，淀粉 5g。

[制作方法]

将苹果去皮，捣成果泥。将鲜番茄捣烂，加入淀粉增加黏性，搅拌均匀。

↦使用方法

洁面，热敷，将面膜用面膜刷均匀涂抹在面部，避开眼周和唇部，10～15分钟后用冷、温水交替洗净即可。

↦保存方法

不宜保存，一次用完。

美容原理

苹果富含维生素 C，可以抑制骆氨酸酶，从而阻止黑色素的合成，苹果面膜可以淡化面部黄褐斑和雀斑，并对皮肤起到增白的作用。番茄中含有丰富的维生素 A 和维生素 C，能美白皮肤，番茄有抗真菌、消肿的作用，番茄红素具有很强的抗氧化活性，能有效防晒。

美颜课堂

小秘方淡斑

每天喝 1 杯番茄汁。番茄中含有非常丰富的维生素 C，被誉为"维生素 C 仓库"。长期食用番茄，可以抑制皮肤内酪氨酸酶的活性，有效减少黑色素的形成。

盐醋菊花白芷面膜

功　　效：	美白淡斑，抗菌祛皱
适合皮肤：	任何皮肤
使用次数：	1周2次
美丽成本：	2元

[材料]

食盐 2g，白芷 12g，菊花 6g，
白醋 6ml，水适量。

[制作方法]

将白芷、菊花研磨成细粉末，加入食
盐、白醋和水，搅拌均匀，调成糊状。

↪使用方法

洁面，热敷，将面膜用面膜刷均
匀涂抹在面部，避开眼周和唇部，
10 ~ 15 分钟后用温水洗净即可。

↪保存方法

将剩余面膜密封存放于冰箱冷藏
1 ~ 3 天。

 **美容原理**

　　食盐可以有效清洁皮肤，白芷可以活血化
斑，菊花有抗菌美容的作用，白醋可以化斑美
白皮肤，起到淡化面部色斑的作用。

美颜课堂

将眼部疲劳一扫而光——菊花茶

　　中国人自古就知道菊花能保护眼睛的健
康，用菊花茶涂抹眼睛可消除眼部水肿。平常
泡菊花茶来喝，能消除眼睛疲劳，如果每天喝
3 ~ 4 杯菊花茶，对恢复视力也有一定的作用。

蛋清杏仁去黄褐斑面膜

功 效：美白淡斑，滋养杀菌
适合皮肤：任何皮肤
使用次数：1 周 1 ~ 2 次
美丽成本：2 元

[材料]

鸡蛋 1 个，杏仁 10g。

[制作方法]

将杏仁去皮研成细末，加入鸡蛋清，搅拌均匀。

↦使用方法

每晚睡前，洁面，将面膜用面膜刷均匀涂抹在面部，避开眼周和唇部，次日清晨用稀释 50 倍的白酒洗去即可。

↦保存方法

不宜保存，一次用完。

 **美容原理**

蛋清能促进皮肤生长。杏仁含有维生素 E 等抗氧化物质，能预防疾病和早衰。此款面膜有淡化黄褐斑、老年斑的功效。

美颜课堂

"隔热"预防黄褐斑

夏日外出要打太阳伞，戴遮阳帽，涂抹防晒霜。做完饭后要清洗面部和手臂，尤其要注意清洗被热油溅到的部位，烫油易造成永久性的黄褐斑，应立即用凉水冲洗干净。

黄瓜祛斑面膜

功　　效：	美白淡斑，紧肤保湿
适合皮肤：	任何皮肤
使用次数：	1周2～3次
美丽成本：	1元

[材料]

黄瓜1根。

[制作方法]

将黄瓜切约2mm厚度的片。

↪使用方法

洁面，热敷5分钟，让毛孔自然张开，将黄瓜片均匀贴在面部，15分钟后取下即可。

↪保存方法

不宜保存，一次用完。

美容原理

黄瓜富含维生素E和黄瓜酶，尤其是小黄瓜，除了润肤、抗衰老外，还有很好的细致毛孔的作用，其作用机理是鲜黄瓜中所含的黄瓜酶是一种有很强生物活性的生物酶，能有效地促进机体的新陈代谢，扩张皮肤毛细血管，促进血液循环，增强皮肤的氧化还原作用。

美颜课堂

黄瓜粥提升淡斑效果

在敷黄瓜面膜的同时，喝黄瓜粥，可以提升淡斑效果。将黄瓜制作成粥可以充分吸收黄瓜的营养成分，经常食用可以润泽皮肤，具有淡化色斑、美白皮肤的功效。

木瓜牛奶面膜

功 效：	美白淡斑，抗过敏
适合皮肤：	任何皮肤
使用次数：	1周2～3次
美丽成本：	4元

[材料]

木瓜 1/3 个，牛奶 3 大勺，化妆棉 1 片。

[制作方法]

将木瓜切块放入果汁机中，加入牛奶打成泥状。

↪ 使用方法

洁面，用化妆棉蘸取木瓜汁液涂抹在面部，避开眼周和唇部，10 ～ 15 分钟后用温水洗净即可。

↪ 保存方法

不宜保存，一次用完。

美容原理

　　木瓜能有效地软化皮肤，促进皮肤细胞的新陈代谢，帮助溶解毛孔中堆积的皮脂与角质，同时还可以抗皮肤过敏，使皮肤美白亮丽。牛奶可以防止皮肤干燥及黯沉，使皮肤白皙有光泽，还能防治多种色素沉着引起的斑痕。

美颜课堂

健康巧搭配

木瓜＋牛奶＝消除疲劳、润肤养颜。

木瓜＋带鱼＝补气、养血。

木瓜＋莲子＝清心润肺、健胃益脾。

土豆牛奶祛斑面膜

功　　效：	美白淡斑，补水保湿
适合皮肤：	干性皮肤、混合性皮肤
使用次数：	1 周 2 次
美丽成本：	4 元

[材料]

土豆 3 个，面粉 2 大勺，鲜牛奶 300ml。

[制作方法]

将土豆洗净去皮切块，放入榨汁机中榨取汁液，倒入面膜碗中。加入牛奶和面粉，搅拌均匀，调成糊状。

⊶**使用方法**

洁面，热敷，将面膜用面膜刷均匀涂抹在面部，避开眼周和唇部，10 ~ 15 分钟后用温水洗净即可。

⊶**保存方法**

不宜保存，一次用完。

 **美容原理**

土豆中含有丰富的维生素，可以促进皮肤细胞再生，保持皮肤润泽，消除黑色素，美白嫩肤，减退夏日晒斑。牛奶中的乳清对黑色素有消除作用，可减退多种色素沉着引起的斑痕。牛奶补水的效果极好。

 **美颜课堂**

用土豆将美丽进行到底

将土豆切片，贴在眼睛上，能减轻眼袋的水肿。

将土豆切片，敷在面部，具有美容护肤、减少皱纹的效果。

将土豆榨取汁液，用化妆棉蘸土豆汁涂抹在长痘和痤疮处，祛痘的效果极好。

香蕉牛奶绿茶面膜

功　　效：	美白淡斑，淡化痘印
适合皮肤：	中性皮肤
使用次数：	1周2～3次
美丽成本：	3元

[材料]

香蕉1根，牛奶2大勺，浓绿茶3小勺。

[制作方法]

将香蕉去皮，放入榨汁机中搅碎，倒入面膜碗中，加入牛奶和浓绿茶，搅拌均匀。

↪使用方法

洁面，热敷，将面膜用面膜刷均匀涂抹在面部，避开眼周和唇部，10～15分钟后用温水洗净即可。

↪保存方法

将剩余面膜密封存放于冰箱冷藏1～3天。

美容原理

　　香蕉可以帮助清除面部多余油脂，使面部皮脂腺得以畅通，清除毛细孔中的污垢及毒素，防止痤疮产生。牛奶能滋润皮肤。绿茶可以美白、清洁皮肤、补水控油、淡化痘印、促进皮肤损伤恢复，能有效淡化晒后形成的色素沉淀，使皮肤恢复润泽亮白，尤其适合外出时使用，使用2～3周后，日晒形成的黑斑就会消失。

美颜课堂

香蕉皮的妙用

　　容易起水泡的手指，将水泡挑破后，用香蕉皮擦患处，可以使伤口很快痊愈。

银耳祛斑面膜

功　　效：	润肤淡斑
适合皮肤：	任何皮肤
使用次数：	1 周 2～3 次
美丽成本：	1 元

[材料]

银耳 2g，珍珠粉 2 小勺。

[制作方法]

将银耳浸泡开，去根，放入沸水中煮约 10 分钟，待煮成黏稠状，将银耳汤过滤，待银耳汤稍凉，取 3 勺银耳汤，加入珍珠粉，搅拌均匀。

↬**使用方法**

洁面，热敷，将面膜用面膜刷均匀涂抹在面部，避开眼周和唇部，15 分钟后用温水洗净即可。

↬**保存方法**

不宜保存，一次用完。

 **美容原理**

　　银耳富有天然特性胶质，加上它的滋阴作用，长期服用可以润肤，并有淡化脸部黄褐斑、雀斑的功效。珍珠粉外敷有深层清洁皮肤、美白、祛痘、控油、淡斑等作用，这种方法适合黑头茂盛的皮肤。

美颜课堂

　古方淡斑——银耳粥

　　银耳是滋补圣品，从古代就受到王宫贵族的青睐，被称为益寿延年之良方。银耳粥的调理效果是一绝，经常饮用可以美白淡斑。

晒后 修护，美白无瑕

冰苦瓜面膜

功 效：	晒后美白补水
适合皮肤：	任何皮肤
使用次数：	1周3次
美丽成本：	1元

[材料]

苦瓜1根。

[制作方法]

将苦瓜洗净，放入冰箱，2小时后取出，将苦瓜切成薄片。

↬**使用方法**

洁面，将冰苦瓜片敷在面部，10～15分钟后，取下苦瓜片，用清水洗净，并配合日常面部按摩，效果更佳。

↬**保存方法**

将剩余苦瓜密封存放于冰箱冷藏1～3天。

 **美容原理**

苦瓜性寒，能够有效镇静晒后发红的皮肤，而且苦瓜能够保湿补水，滋润美白皮肤，非常适合夏季敷用。

 **美颜课堂**

养颜苦瓜茶

女性经常饮用苦瓜茶可使皮肤光滑有弹性，同时还能消食去腻、减肥清脂。

番茄蜂蜜面膜

功　　效：	美白皮肤，有效防晒
适合皮肤：	中性皮肤、油性皮肤
使用次数：	1周1～2次
美丽成本：	2元

[材料]

番茄 1/2 个，蜂蜜 2 小勺。

[制作方法]

将番茄放入榨汁机中，榨取汁液，倒入面膜碗中。加入蜂蜜，搅拌均匀，调成糊状。

⤇使用方法

洁面后，将面膜用面膜刷均匀涂抹在面部，避开眼周和唇部，10～15分钟后用清水洗净即可。

⤇保存方法

不宜保存，一次用完。

 **美容原理**

　　番茄中含有丰富的维生素，能补充皮肤所需要的营养，可以起到美白皮肤的作用。番茄中还含有番茄红素，番茄红素具有很强的抗氧化活性，可以有效防晒。蜂蜜是滋养皮肤的良品。番茄与蜂蜜搭配，可使皮肤白皙细致。

 **美颜课堂**

饭前吃番茄 = 有效瘦身

　　番茄中的番茄红素可以降低热量摄取，减少脂肪积累，并补充多种维生素，保持营养均衡。饭前吃 1 个番茄，可以减少米饭及高热量菜肴的摄入量，同时还能阻止身体吸收食品中的脂肪。

柠檬酸奶面膜

功　　效：	晒后美白补水
适合皮肤：	任何皮肤
使用次数：	1周3次
美丽成本：	4元

[材料]

柠檬汁2大勺，酸奶2大勺，蜂蜜2大勺，维生素E胶囊1粒，面纸适量。

[制作方法]

将柠檬汁、酸奶和蜂蜜倒入面膜碗中，搅拌成糊状。用剪刀将维生素E胶囊剪开，将油液倒入面膜碗中，搅拌均匀。

↪使用方法

洁面，热敷，将面膜用面膜刷均匀涂抹在面部，避开眼周和唇部，再铺上一层微湿的面纸，10～15分钟后用温水洗净即可。

↪保存方法

不宜保存，一次用完。

美容原理

柠檬有滋润皮肤、锁住皮肤水分、延缓皮肤衰老、有效去除老废角质、温和祛痘，使皮肤润泽、光滑的作用。酸奶能防止皮肤角化和皮肤干燥，使皮肤保持滋润细腻，富有弹性，充满光泽。蜂蜜有很好的美容功效。维生素E能滋养美白皮肤。此款面膜能充分渗透滋养皮肤，让皮肤处于喝足水的状态，还能促进细胞再生。

美颜课堂

柠檬水美白茶
用晒干的柠檬片泡水喝可以美白。

果汁修护美白面膜

功　　效：	美白防晒，抗皱润肤
适合皮肤：	任何皮肤
使用次数：	1 周 2 ～ 3 次
美丽成本：	5 元

[材料]

番茄 2 个，西瓜 1 块，黄瓜 1/2 根，化妆棉适量。

[制作方法]

将番茄、黄瓜、西瓜放入榨汁机中，榨取汁液，倒入面膜碗中，将面膜碗放到温水中隔水蒸至温热。

↦使用方法

洁面，将化妆棉放入面膜碗中浸透，均匀贴在面部，10 ～ 15 分钟后用温水洗净即可。

↦保存方法

将剩余面膜密封存放于冰箱冷藏 1 ～ 3 天。

美容原理

番茄不仅能充分补充皮肤所需营养，还能美白皮肤、有效防晒。黄瓜不仅可以滋润皮肤、抗衰老，还能细致毛孔。新鲜的西瓜汁和鲜嫩的瓜皮能增强皮肤弹性、减少皱纹，增添光泽。

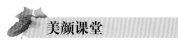

美颜课堂

用番茄击退雀斑

将新鲜番茄切开，擦在长雀斑的地方，能使雀斑逐渐减少。

西瓜皮蜂蜜面膜

功　　效：	晒后补水，美白降温
适合皮肤：	任何皮肤
使用次数：	1 周 2 ～ 3 次
美丽成本：	2 元

[材料]

西瓜皮 1 块，蜂蜜 3
小勺，面纸适量。

[制作方法]

将西瓜皮切小块，放入榨汁机中捣碎成
糊状，加入蜂蜜，搅拌均匀。

↬ 使用方法

洁面，热敷，将面膜用面膜刷均
匀涂抹在面部，避开眼周和唇部，
再铺上一层微湿的面纸，10 ～ 15
分钟后用温水洗净即可。

↬ 保存方法

不宜保存，一次用完。

美容原理

皮肤晒后会出现一些不适现
象，这时皮肤需要镇静。西瓜皮
蜂蜜面膜可以对面部皮肤进行补
水降温，起到美白和镇静皮肤的
作用。敷完此款面膜后，再进行
皮肤护理会事半功倍。

美颜课堂

瓜皮瓜汁美容法

直接用西瓜汁或者西瓜皮擦
脸，美肤的效果也很好。

香蕉奶油绿茶面膜

功　　效：	美白润肤，补水控油
适合皮肤：	中性皮肤、干性皮肤
使用次数：	1 周 2 次
美丽成本：	4 元

[材料]

香蕉 1 根，奶油 10g，绿茶水
15ml。

[制作方法]

将香蕉捣成泥状，加入奶油和冷却的
绿茶水，搅拌均匀，调成糊状。

⤳使用方法

洁面，热敷，将面膜用面膜刷均
匀涂抹在面部，避开眼周和唇部，
10 ~ 15 分钟后用温水洗净即可。

⤳保存方法

将剩余面膜密封存放于冰箱冷藏
1 ~ 3 天。

美容原理

　　绿茶中的类黄酮能增强维生素 C 的抗氧化
功效，这种类黄酮也是珍贵的营养品，对维持
皮肤美白有极好的效果。绿茶粉有清洁皮肤、
补水控油、淡化痘印、促进皮肤损伤恢复的功
效。香蕉能有效改善皮肤油脂分泌问题。奶油
对滋养皮肤有很强的功效，此款面膜具有良好
的镇静作用，能有效滋润、美白晒后皮肤。

美颜课堂

香蕉皮也是润肤高手

　　将香蕉皮的内侧贴在面部干燥的皮肤上，
10 分钟后，用清水洗净，可使皮肤变得滋润
光滑。

晒后▷皮肤修复方案

　　我想现在各位美眉已经对防晒方法有所了解，那么，现在再提供给大家一些晒后修复方案吧。

方案1：补充大量水分

晒后的皮肤水分已经大量流失，因此，时刻保持皮肤的充足水分是修复皮肤的首要任务，那么，你需要买一瓶爽肤水（雾化特制保湿化妆水，分子量极小，可直接透过皮肤渗入皮下），经常喷在脸上，既镇静皮肤又保湿。进入室内，可随时喷在无妆的脸上。高保湿的海洋矿物喷雾水效果也非常好。

方案2：美白化妆水的双重呵护

含有植物美白成分的化妆水不仅可以起到二次清洁的作用，同时也可以通过水分的迅速渗透而达到收敛和美白的作用，如果你以往用的只是普通的爽肤水，不如把它换成特殊的美白化妆水，效果可能更好。

方案3：我们也可以在24小时不间断地美白

白天紫外线较为强烈，因此，使用美白产品抑制黑色素的生成，并抵御紫外线的侵害是非常重要的。但如果想让皮肤达到真正的完美白皙，夜晚的美白修护同样必不可少。

除了白天进行护肤外，不能忽视晚间持续散射出的微量紫外线，何况晚间细胞的再生速度比白天快2倍，因而黑色素也会继续产生，因此晚间是进一步美白修护皮肤、提升净白效果的最佳时间，在这期间做美白工作能更有效地修复细胞，让皮肤做好充分准备，增强白天防御紫外线的能力。

方案4：专业的美白修复

如果条件允许的话，尽量7天或10天到美容院做一次常规皮肤护理，在美容师的指导下选择适合肤质的疗程，进行美白和保湿的特别护理，或者使用美白精华素及精油修护系列，请美容师为你按摩面部，效果可能胜过平时在家里保养1个月。

方案5：持续使用美白面膜

为摆脱晒后的色素沉积，并在短时间内使皮肤净白，就需要日常护理与加强护理双管齐下。你不妨每天使用美白面膜为皮肤进行加强护理，利用面膜中大量的美白精华乳液，令深层皮肤得到充分养护与滋润，使皮肤在短时间内得到显著改观，恢复水嫩透白，达到理想肤色。

补水 保湿全攻略

夏季如何补水

强烈的紫外线对水分的流失几乎是致命的。当皮肤受到一定时间的紫外线的照射，水分就会急剧减少，同时造成角质层中大量的天然保湿因子的流失。

补水要点：

1. 一定要涂抹防晒霜，擦上防晒霜后，再根据个人肤质擦上一层乳液。

2. 打遮阳伞，戴遮阳帽，戴太阳镜。

3. 晒后第一时间给皮肤补水，镇静皮肤。

4. 随身携带1瓶补水喷雾，随时随地让皮肤保持水润。

5. 晒后要敷面膜。

办公室一族如何补水

办公室一族离不开电脑，但电脑对皮肤的伤害很大。电脑辐射和积尘对皮肤带来的最直接的影响就是毛孔堵塞，面部出现斑点和缺水症状，继而出现皱纹。

补水要点：

1. 涂抹隔离霜防辐射。

2. 使用电脑前，一定要做好洁面、润肤、补水工作。

3. 准备1支有滋润、保湿效果的眼霜。

4. 喝绿茶，补水、防辐射。

5. 用完电脑后，一定要清洁皮肤。

6. 敷面膜。

深层保湿7妙计

1. 每天多喝冷开水。冷开水能帮助容易代谢的水分一直维持在最佳水平。

2. 泡澡或淋浴前喝杯冷开水，可以防止热量快速蒸发皮肤中的水分。

3. 睡前补水效果更佳。

4. 睡好美容觉，保湿更彻底。

5. 睡前喝1小杯红酒，可以使皮肤对保湿品的吸收能力增强。

6. 每1小时离开电脑5分钟，让皮肤呼吸新鲜空气。

7. 敷补水面膜，保湿效果更持久。

不同 肤质的皮肤怎样补水

l. 干性皮肤

缺水表现：皮肤总是干干的、很紧绷，换季时还易起皮屑，易过敏，起小红疹子，还有很多幼小的细纹分布在眼周。

补水策略：洗完脸后应涂含有透明质酸和植物精华等保湿配方的滋润型乳液。干性皮肤角质层水分少，皮肤易出现细小的裂痕，所以在给皮肤补水的同时还要适当补充油分，选用亲油性的滋润产品，即产品高度补水但并不油腻，以免增加皮肤的油脂负担。

2. 中性皮肤

缺水表现：皮肤不干不油，肤质细腻，恰到好处，拥有中性皮肤是件幸运的事，但如果不细心保养，皮肤会出现偏干或偏油的现象。

补水策略：选择产品的范围很广，但最好选择跟皮肤 pH 值相近的保养品，因为很多化妆品中都含有保养及保湿的成分，所以最好喷洒适度的脸部矿泉水。晚上睡前不适合使用太过滋润的晚霜，因为过油的产品和你脸上冒出的油质混合会导致青春痘的出现。

3. 油性皮肤

缺水表现：用油光满面来形容再合适不过了，尤其是鼻翼两侧，毛孔也较粗大。

补水策略：彻底地清洁和保湿对于油性皮肤才是正确的保养。选择保湿产品最好挑选质地清爽不含油脂，同时兼具高度保湿效果的产品，以亲水性强的控油乳液、保湿凝露、喷洒矿泉水或化妆水为宜。含有茶树油的产品可以去除皮肤表面多余油脂，达到消炎、抗菌，治疗暗疮的效果。

4. 敏感性皮肤

缺水表现：脱皮、泛红、干燥、没有光彩，甚至长起了小疹子。

补水策略：随时随地给皮肤补充水分，当皮肤感到不适时，使用清爽型喷雾喷于脸上，再轻轻拍打面部，以确保水分可以被皮肤完全吸收。

珍珠粉控油补水面膜

功　　效：	补水保湿，控油祛痘
适合皮肤：	任何皮肤
使用次数：	2天1次
美丽成本：	3元

[材料]

珍珠粉35g，天然维生素E胶囊2颗，蜂蜜2小勺，自用的紧肤水适量。

[制作方法]

将珍珠粉倒入面膜碗中，加入适量紧肤水和蜂蜜，搅拌均匀。将维生素E胶囊用针扎破滴入面膜碗中，搅拌均匀，调成糊状。

↪使用方法

洁面，热敷，将面膜用面膜刷均匀涂抹在面部，避开眼周和唇部，10～15分钟后用温水洗净即可。

↪保存方法

将剩余面膜密封存放于阴凉干燥处1～5天。

美容原理

蜂蜜滋养保湿的效果极好。珍珠粉可以改善肤色，还有控油、祛痘、去黑头的作用。维生素E本身是一种很好的抗氧化剂，它可以进入皮肤细胞，具有抗自由基链式反应，可用于预防角质化，还能修复疤痕。

美颜课堂

将天然维生素E胶囊用针扎破直接涂抹，能更直接作用在皮肤所需要的地方。

玫瑰精油滋润面膜

功　效：保湿滋润，细肤抗菌

适合皮肤：任何皮肤

使用次数：1 周 2 ~ 3 次

美丽成本：1 元

[材料]

玫瑰精油 2 滴，蒸馏水 10ml。

[制作方法]

在蒸馏水中滴入 2 滴天然玫瑰精油即可。

↦**使用方法**

将面膜直接喷于面部。

↦**保存方法**

不宜保存，一次用完。

 **美容原理**

　　芳香怡人的玫瑰精油具有滋润皮肤的作用，能全面照顾各种皮肤的需要。对于干燥敏感的皮肤，它具有保湿滋养的功效，对于毛孔粗大的皮肤，它有收敛、抗菌和镇静舒缓的功效。

美颜课堂

玫瑰精油花般滋润

　　皮肤状态非常不好时，可以在日常护肤时在乳液中滴入 1 滴玫瑰精油，可以更有效地滋润皮肤。

红酒补水保湿面膜

| 功 效：补水保湿 |
| 适合皮肤：任何皮肤 |
| 使用次数：1 周 2 次 |
| 美丽成本：6 元 |

[材料]

红酒 80ml，蜂蜜 2 小勺，珍珠粉 2 小勺，面膜纸 1 张，薰衣草精油 3 滴。

[制作方法]

将红酒倒入消过毒的玻璃杯内，放到沸水中隔水加热 20 分钟左右。待冷却后，将蜂蜜和珍珠粉倒入红酒中，滴入薰衣草精油，搅拌均匀。

⤻使用方法

将面膜纸放入面膜中，待面膜纸充分浸透膨胀后，取出面膜。洁面，将面膜纸贴在面部，八分干时揭下，用温水洗净，再涂抹具有锁水功能的保湿霜即可。

⤻保存方法

不宜保存，一次用完。

美容原理

红酒中的果酸能促进角质新陈代谢，淡化色素，让皮肤更白皙、光滑。蜂蜜具有保湿和滋养的功效。珍珠粉外敷有深层清洁皮肤、美白、祛痘、控油、淡斑等作用。薰衣草精油可以预防疤痕痘印遗留，同时平衡皮肤表层油脂分泌、舒缓敏感皮肤、收敛毛孔、补充皮肤水分，调理皮肤到水油平衡的最佳状态，持久保护皮肤不受青春痘和粉刺的干扰，使皮肤细腻光滑。

美颜课堂

减轻红酒面膜过敏的方法

将红酒杯放入沸水中浸泡 20 分钟，可以使红酒中的酒精蒸发掉一部分，以免引发皮肤过敏反应。蜂蜜可多加几勺，蜂蜜愈多，红酒面膜就愈黏稠，敷面时愈不容易流下来。

红糖美白保湿面膜

功　效：美白淡斑，补水保湿

适合皮肤：任何皮肤

使用次数：1周2次，持续3个月

美丽成本：10元

[材料]

红糖 300g，鲜牛奶 300ml。

[制作方法]

将红糖用热水溶化，加入鲜牛奶，搅拌均匀，调成稠状。

↦ 使用方法

洁面，热敷，将面膜用面膜刷均匀涂抹在面部，避开眼周和唇部，10 ~ 15 分钟后用温水洗净即可。

↦ 保存方法

不宜保存，一次用完。

美容原理

红糖有很好的美白作用，特别是在淡斑方面效果非常好，还有很强的抗氧化功效。牛奶含有丰富的乳脂肪、维生素与矿物质，具有天然保湿的效果，而且容易被皮肤所吸收，能防止皮肤干燥，并可修补干纹，美容效果极佳。

美颜课堂

红茶红糖滋润面膜

将红茶和红糖各 2 勺，加水煲煎，加入面粉调匀敷面，15 分钟后用湿毛巾擦净，每日 1 次，1 个月后可使皮肤滋润白皙。

蛋清蜂蜜保湿面膜

功　　效：	滋养美白，有效改善干燥皮肤
适合皮肤：	干性皮肤
使用次数：	1周2～3次
美丽成本：	2元

[材料]

蛋清1个，蜂蜜1小勺，麦芽
油适量。

[制作方法]

将蜂蜜、蛋清和麦芽油放入面膜碗中，
搅拌均匀。

⤷使用方法

洁面、热敷，将面膜用面膜刷均
匀涂抹在面部，避开眼周和唇部，
10～15分钟后用温水洗净即可。

⤷保存方法

不宜保存，一次用完。

美容原理

　　麦芽油可以从皮肤内部改善干燥皮
肤。蛋清有清热解毒、促进皮肤生长的作
用。蜂蜜可以美白、滋养皮肤，减少红色
素沉着，闭合毛细血管，减少刺痛感。

美颜课堂

适合四季保养的面膜

　　此款面膜可使干燥的皮肤很快得到
改善，使皮肤有光泽又充满弹性，很适合
春、秋、冬季节使用，也十分适合干性皮
肤的人一年四季保养使用。

快速滋养补水面膜

功　　效：	补水保湿，收缩毛孔
适合皮肤：	任何皮肤
使用次数：	1天1次
美丽成本：	5元

[材料]

自用精华液1小勺，自用爽肤水4小勺，
乳液2小勺，面膜纸1张。

[制作方法]

将乳液、爽肤水、精华液倒入面膜碗中，
搅拌均匀。

↪使用方法

将面膜纸浸泡在面膜碗中1分钟，
洁面，将面膜纸敷在面部10～15
分钟后取下，按摩至养分被充分
吸收。

↪保存方法

不宜保存，一次用完。

美容原理

精华液能补充皮肤营养。爽
肤水可以收缩毛孔。乳液能滋润
皮肤，保持水分。

美颜课堂

自用的护肤品可以减少出现
过敏现象。

香蕉蜂蜜保湿滋润面膜

功　　效：	保湿滋润
适合皮肤：	干性皮肤、混合性皮肤
使用次数：	1周3次
美丽成本：	2元

[材料]

香蕉 1/2 根，蜂蜜 5ml。

[制作方法]

将香蕉去皮碾成泥，加入蜂蜜搅拌均匀。

↬使用方法

洁面，热敷，将面膜用面膜刷均匀涂抹在面部，避开眼周和唇部，10 ～ 15 分钟后用温水洗净即可。

↬保存方法

将剩余面膜密封存放于冰箱冷藏 1 ～ 5 天。

美容原理

　　香蕉含丰富的维生素 A，能很好地滋润皮肤。蜂蜜具有保湿和滋养的功效。此款面膜非常适合干燥缺水的皮肤日常使用。

美颜课堂

秀发完美方案

　　此款面膜也可作为发膜，如果是比较干燥的头发，在洗头后，可将该面膜敷在微湿的头发上 5 ～ 10 分钟，再用水冲净，会让头发更加亮丽有光泽。

鲜牛奶橄榄油补水面膜

功　　效：	排除皮肤污垢和毒素，抗衰老
适合皮肤：	各种肤质
使用次数：	1周2次
美丽成本：	4元

[材料]

鲜牛奶100ml，橄榄油5滴，
面粉适量。

[制作方法]

把鲜牛奶、橄榄油、面粉倒入器皿中，
搅拌均匀。

↪使用方法

1. 把面膜用指腹轻柔涂抹于洗净
的面部。
2. 敷15分钟后，用温水洗净即可。

↪保存方法

此面膜易变质，不宜保存，最好
一次性使用完。

美颜课堂

　　用按摩的方法，可令皮肤更易吸收充足的
养分和水分。

第四章

收缩毛孔面膜

平时不注意保养很容易造成毛孔粗大，进而引起其他的皮肤问题，收缩毛孔也就成了很重要的护肤话题。当皮肤老旧角质积聚越多，会使皮肤变厚、变粗糙，毛孔变粗大，皮肤也因为无法顺利吸收水分与养分，而变得黯沉、干燥，加速刺激油脂分泌量，毛孔会再度变大。下面教大家如何轻松拥有细嫩的皮肤。

去除 恼人的黑头

黑头形成的过程

黑头是由于皮肤中的油脂没有及时排出，时间久了油脂硬化阻塞毛孔而形成。鼻子是面部最爱出油的部位，如果不及时清理，油脂混合堆积的大量死皮细胞沉淀，就形成了小黑点。

去黑头的正确方法

1. 去黑头前，首先蒸面 3 分钟或者用热毛巾敷几分钟，使毛孔打开，可以更有效地去黑头。

2. 清洁污垢：毛孔中的油垢堆积没有及时排除是黑头形成的主要原因之一，卸妆油是比较好的清洁产品，敏感性皮肤要选用纯植物油产品。

3. 清除尘垢：卸妆和清洁工作要做好，1 ~ 2 周去角质 1 次，保证毛孔通畅才能有效控制黑头再生。

4. 敷完面膜一定要做好"收敛"工作，及时轻拍上具有收缩毛孔功效的爽肤水。

护肤小锦囊还你一个干净的鼻头

锦囊一：蜂蜜水加洗面奶，皮肤快速变细滑

每天洁面的时候挑一点蜂蜜和在洗面奶中洁面，每天早晚坚持喝蜂蜜水，能有效去黑头，皮肤也会变得又细又滑，白里透红。

锦囊二：番茄配柠檬对黑头粉刺特别有效

将番茄与柠檬片打成泥，加入少许面粉后搅拌均匀，涂抹在面部约 30 分钟，用清水洗净，能去除老死细胞，深层清洁收敛皮肤，对黑头粉刺和油性皮肤特别有效，还有清洁、美白、镇定的作用。

锦囊三：蛋壳薄膜也可以去黑头

将蛋壳上的薄膜取下来贴在鼻子上，弄平整，然后用小吹风机吹干，待薄膜紧贴后再取下来，不仅可以去除黑头，而且还能收缩毛孔。

还你 细致小俏脸

"冷热"交替护理皮肤，可以有效收缩毛孔，还你细致小俏脸。

日常"冷"护理

1. 将一条干净的毛巾，打湿后装入保鲜袋，放入冰箱中。

2. 将平衡水、乳液也放入冰箱冷藏。

3. 洁面。根据肤质选择适合自己的洗面奶，油性皮肤早晚都用洗面奶；干性皮肤早上只用清水洗，晚上用洗面奶；混合性皮肤早上T区用洗面奶，晚上全脸使用。

4. 用冷毛巾敷脸。取出冰箱中的毛巾敷在面部，油性皮肤敷全脸；混合性皮肤敷T区；干性皮肤晚上敷1次，约1～2分钟即可。

5. 拍平衡水。取出冰箱中的平衡水，倒适量于手心，先拍T区再拍全脸，直至全部吸收，再擦眼霜。

6. 擦乳液。取出冰箱中的乳液，取适量均匀擦在全脸。

7. 擦收缩毛孔精华液。重点是T区，控油效果很好。

夜间"热"护理

1. 将一条湿毛巾放在保鲜袋中，放入微波炉中加热。

2. 洁面。水温40℃，不要用冷水泼。

3. 去角质。油性皮肤1周1次，混合性皮肤1周做全脸，1周做T区。

4. 用热毛巾敷脸。用热毛巾敷全脸，约3分钟。

5. 按摩。在额头、双颊、鼻子、下颌各取指甲大小的按摩膏，额头从右至左打圈，脸颊向上打圈，鼻子上下运动，下颌从中间向耳边打圈。大约15分钟就有一粒粒的异物被按摩出来，就是黑头和角栓，根据情况按摩约30～40分钟即可，然后用洗面奶洗干净。

6. 面膜。使用收缩毛孔的面膜，可使皮肤更通透、肤色更均匀，还能淡化纹理。避开眼周和唇部，将面膜均匀涂抹在面部，15分钟后揭下，剩余的面膜用化妆棉蘸化妆水擦干净。

7. 最后进行日常护肤。

高效 去黑头

珍珠粉去黑头面膜

功　　效：	高效去黑头，洁肤祛痘
适合皮肤：	油性皮肤、混合性皮肤
使用次数：	1 周 2 次
美丽成本：	1 元

[材料]

珍珠粉 1 勺，清水
适量。

[制作方法]

取 1 勺珍珠粉放入面膜碗中，加入适量
清水，将珍珠粉调成膏状。

○→使用方法

洁面后，将面膜用面膜刷均匀涂
抹在鼻子上，轻轻按摩，直至珍
珠粉变干，用清水洗净即可。

○→保存方法

将剩余面膜密封存放于干燥处。

美容原理

珍珠粉外敷有深层清洁皮肤、
美白、祛痘、控油、淡斑等作用，这
种方法适合鼻翼黑头茂盛的皮肤。

美颜课堂

珍珠粉去黑头一步到位

珍珠粉能高效去黑头，让你摆脱
草莓鼻的烦恼。记住，一定要选购上
乘的内服珍珠粉，粉末比较细，不会
扩大毛孔、造成毛孔粗大。

超实用精油面膜

功　　效:	全方位养护皮肤
适合皮肤:	任何皮肤，但低血压者应慎用
使用次数:	1周2次
美丽成本:	4元

[材料]

玫瑰精油2滴，茉莉精油2滴，
橙花精油1滴，橄榄油2小勺。

[制作方法]

将玫瑰精油、茉莉精油、橙花精油，
放入面膜碗中，搅拌均匀后再加入橄
榄油，搅拌均匀即可。

↪使用方法

洁面，将面膜轻轻涂抹于面部，
用指腹以打圈的方式由下至上按
摩3～5分钟，20分钟后，用清
水洗净即可。

↪保存方法

将剩余面膜密封冷藏于冰箱1个
月（精油面膜的保存时间更长）。

美容原理

　　玫瑰精油能消炎杀菌，促进细胞新陈代谢
及细胞再生，适合各类皮肤，具有紧实、舒缓、
滋养、延缓皮肤衰老的功效。茉莉精油对皮肤
有弹性恢复、抗干燥和淡化鱼尾纹的效果。橙
花精油的渗透能力是普通护肤成分的70多倍，
可渗入皮肤基底层，分解黑色素，使皮肤由内
到外得到彻底净化。橄榄油能有效保持皮肤弹
性和润泽，减少面部皱纹，防止皮肤衰老。

美颜课堂

可以"吃"的护肤品

　　橄榄油不仅对护肤有奇效，还能高质量护
发以及防治手足皲裂，是可以"吃"的美容护
肤品，另外用橄榄油涂抹皮肤能防紫外线，可
以有效保护皮肤。

红糖面膜

功　　效：	去黑头，紧致亮肤
适合皮肤：	任何皮肤
使用次数：	1周2～3次
美丽成本：	1元

[材料]

红糖3大勺，纯净
水300ml。

[制作方法]

将3大勺红糖放入器皿中，倒入300ml
纯净水，用小火煮至黏稠状。

↬使用方法

洁面后，将面膜用面膜刷均匀
涂抹在面部，避开眼周和唇部，
10～15分钟后用清水洗净即可。

↬保存方法

将剩余面膜密封存放于干燥处，
再次使用时加热至黏稠状即可。

美容原理

红糖中含有丰富的矿物质、维生
素以及乙醇酸，可以有效清洁排毒、
去角质和活化皮肤，让皮肤变得富
有光彩和更加紧致，除此之外它对
于干性和老化皮肤还有很好的保湿
效果。纯净水能有效、安全地给人体
补充水分。

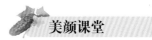

美颜课堂

女性吃红糖既补血又排毒

1. 喝热热的红糖水可以暖身，
活络气血，月经也会变得顺畅。

2. 红糖与姜汁一起煮，经常饮
用可以补中气、补血养肝，温筋通络
的效果也很好。

鸡蛋去黑头面膜

功　　效：	去黑头，收缩毛孔
适合皮肤：	中性皮肤、油性皮肤
使用次数：	1周2次
美丽成本：	1元

[材料]

鸡蛋1个，面膜纸1张。

[制作方法]

将鸡蛋取蛋清，倒入面膜碗中，搅打至起泡。

⤚使用方法

将面膜纸放入蛋清面膜中浸透，洁面，用蛋清将面部打湿，将面膜纸均匀敷在面部，至面膜完全吸收干净后，用清水洗净。

⤚保存方法

不宜保存，一次用完。

美容原理

蛋清可以有效去黑头，还具有收敛、消炎的作用，能明显收缩粗大毛孔，控油效果好。

美颜课堂

鸡蛋壳内薄膜妙用

洁面，将生鸡蛋内壳中的薄膜撕下来，注意尽量保持完整。将薄膜贴在鼻子上，用手抚平，待快干时取下，去黑头的效果也很好。

米饭去黑头面膜

功　　效：去黑头，减少皱纹

适合皮肤：中性皮肤、油性皮肤

使用次数：1周3次

美丽成本：0.5元

[材料]

熟米饭适量。

[制作方法]

将熟米饭搓成一团。

↬ 使用方法

洁面，将饭团在鼻头部位轻轻揉动，力度要均匀，黑头较为聚集的部位可以多揉动几次，待米饭干透，用清水洗净即可。

↬ 保存方法

不宜保存，一次用完。

 **美容原理**

　　米饭面膜可将皮肤毛孔内的油脂、污物吸出来，能有效去黑头和清洁皮肤，还能使皮肤呼吸畅通，减少皱纹。

 **美颜课堂**

　　要用熟透且黏性较强的米饭，日常剩饭即可，方便又省钱。

细盐去黑头面膜

功　　效：	去黑头，收缩毛孔
适合皮肤：	中性皮肤、油性皮肤
使用次数：	1周2次
美丽成本：	2元

[材料]

鸡蛋1个，细盐1勺，牛奶适量，
面膜纸1张。

[制作方法]

将鸡蛋取蛋清，倒入面膜碗中，加
入细盐和适量牛奶，搅拌至细盐完
全溶解。

↪ 使用方法

将面膜纸放入面膜中浸透，洁面，
将面膜纸均匀敷在面部，至面膜
完全吸收干净后，用清水洗净。

↪ 保存方法

不宜保存，一次用完。

 **美容原理**

　　细盐有很好的清洁和去污效果，可以清除
毛孔中积聚的油脂、粉刺和黑头。蛋清可以有
效去黑头，还具有收敛、消炎的作用，能明显
收缩粗大毛孔，控油效果好。

美颜课堂

盐是美颜佳品

　　用盐来敷面膜，可以将皮肤中的垃圾迅速
清走，敷完面膜后进行按摩，效果更佳。同时，
盐的控油效果也很好，坚持使用，皮肤的产油
量会大大减少。

小苏打粉去黑头面膜

功　　效：	去黑头，提亮肤色
适合皮肤：	任何皮肤
使用次数：	1 周 1 次
美丽成本：	1 元

[材料]

小苏打粉 1/2 勺，温纯净水 3 勺，化妆棉 1 片，面巾纸 1 张。

[制作方法]

将 1/2 勺小苏打粉放入面膜碗中，加入 3 勺温热的纯净水，搅拌至小苏打粉完全溶解。

↣使用方法

洁面，将化妆棉泡在面膜碗中，拧至半干，贴在鼻子、下颌、额头等油腻部位，15 分钟后取下。然后取一张质地柔软的面巾纸，用手按在敷过面膜的部位来回揉擦，你会发现面巾纸上沾有黑黑的脏东西，这些脏东西就是黑头和油脂粒。

↣保存方法

不宜保存，一次用完。

 **美容原理**

　　小苏打又名碳酸氢钠，呈弱碱性，小苏打可以中和皮肤表面的酸性物质 (汗液和堵塞毛孔的油脂)。小苏打融水后还能释放出二氧化碳，二氧化碳可以促进皮肤的血液循环，不仅能有效去黑头，还能改善暗黄的肤色。

 **美颜课堂**

将秀发养护到底

　　洗发时，加入少量小苏打在香波中，可以清除残留的发胶和定型膏。游泳时，游泳池里的氯会伤害头发，加入少量小苏打在香波中洗发，可以修复受损的头发。

盐醋水去黑头面膜

功　　效：	去黑头，消炎美白
适合皮肤：	油性皮肤
使用次数：	1 日 1 次，连续使用 1 周
美丽成本：	1 元

[材料]

粗盐 1 小勺，白醋 1 小勺，滚
开水 1/2 杯，化妆棉适量。

[制作方法]

将粗盐、白醋倒入滚开水中，充分搅
拌至粗盐全部溶解。

↪ 使用方法

洁面，用化妆棉蘸取盐醋水涂擦
黑头部位，直至水变凉。

↪ 保存方法

不宜保存，一次用完。

美容原理

白醋能快速软化皮肤多余角质，软化黑
头。粗盐不仅可以消炎杀菌，还能有效去除
鼻子上的黑头和死皮，使皮肤细腻亮白、润
泽光滑。

美颜课堂

第一次做盐醋水面膜的时候，你会感觉
皮肤有点痛并且有发红现象，不用担心，这
种情况第二天就会消失。坚持使用此款面
膜，1 周后，你会发现自己的皮肤变得细腻
白嫩。

收缩 毛孔细致小脸

番茄橙子面膜

功　　效：	收缩毛孔，美白紧实
适合皮肤：	任何皮肤
使用次数：	1周2～3次
美丽成本：	3元

[材料]

番茄 1/2 个，橙子 1/2 个，面膜纸 1 张。

[制作方法]

将番茄洗净，去蒂，切成两半。将橙子洗净，去籽，切成两半。将番茄、橙子各取一半放入榨汁机中，榨取汁液，用纱布将残渣过滤掉，留取汁液待用。

↪使用方法

将面膜纸浸泡在面膜中约 2 分钟，洁面后，敷于面部，20 分钟后去掉面膜纸，将残存面膜用温水洗净。

↪保存方法

不宜保存，一次用完。

美容原理

　　番茄中含有丰富的维生素，能补充皮肤所需要的营养，具有美白紧实皮肤的功效。蜂蜜有抗氧化的成分，并且滋润皮肤的效果显著。此款面膜具有极佳的收缩毛孔、紧实面部皮肤的功效。

美颜课堂

　　此款面膜可同时用做面部及手部美白，特别是暗疮皮肤，能有效祛油，预防感染，使皮肤白皙细致，还能有效收缩毛孔，紧实面部皮肤。

蛋清面粉面膜

功　　效：	祛油控油，细致毛孔
适合皮肤：	中性皮肤、油性皮肤
使用次数：	1周1～3次
美丽成本：	2元

[材料]

蛋清1个，面粉3大勺，粗盐
1/2小勺。

[制作方法]

将粗盐、蛋清、面粉倒入面膜碗中，
加入清水，搅拌均匀至粗盐完全溶
解，调成糊状。

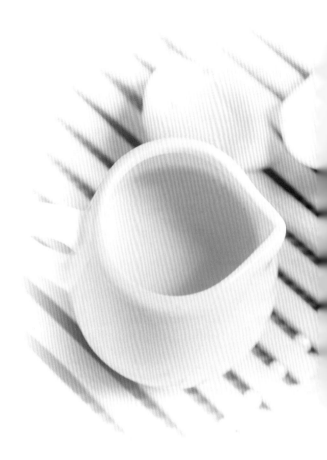

○→使用方法

洁面后，将面膜用面膜刷均匀
涂抹在面部，避开眼周和唇部，
10～15分钟后用清水洗净即可。

○→保存方法

不宜保存，一次用完。

美容原理

蛋清具有收敛、消炎的作用，能明显收缩
粗大毛孔，控油效果好。面粉能够使皮肤紧实平
整，不易产生皱纹。

美颜课堂

敷面膜前一定要先仔细清洁皮肤，将毛孔
中的垃圾和毒素清除出来，这样敷面膜才会事
半功倍。

清洁小妙招： 交替使用热毛巾和冷毛巾清
除毛孔内的污垢，同时缩紧毛孔，毛孔特别大
的部位可用冰冷的化妆棉敷在面部20分钟，然
后用冰袋按摩面部。

蜂蜜柠檬面膜

功　　效：	收缩毛孔，调节水油平衡
适合皮肤：	混合性皮肤
使用次数：	1周2次
美丽成本：	3元

[材料]

蜂蜜1大勺，柠檬
汁1大勺，燕麦片
1大勺，维生素E
胶囊1粒。

[制作方法]

将燕麦片、蜂蜜、柠檬汁一起倒入容器
中充分搅拌均匀，将维生素E胶囊用针
扎破，将液体挤在搅拌好的面膜里，再
次搅拌均匀。

↬使用方法

洁面后，将面膜用面膜刷均匀
涂抹在面部，避开眼周和唇部，
10～15分钟后用清水洗净即可。

↬保存方法

不宜保存，一次用完。

美容原理

　　燕麦片中富含多种膳食纤维，维生素
E能淡化痘印、滋养皮肤，搭配使用蜂蜜、
柠檬汁，能有效收缩毛孔，调节皮肤水油
平衡。

美颜课堂

柠檬水极致减肥法

　　每天坚持喝1杯柠檬水，或在柠檬
水中加一点小苏打，有助于快速减肥。

菠萝收缩毛孔面膜

功　　效：	收缩毛孔，淡化色斑
适合皮肤：	中性、油性、混合性皮肤，敏感性皮肤慎用
使用次数：	1周2次
美丽成本：	3元

[材料]

新鲜菠萝2片，蜂蜜2勺，化妆棉
适量。

[制作方法]

将菠萝片放入榨汁机中，榨取汁
液。倒入面膜碗中，加入蜂蜜充
分搅拌均匀。

↪**使用方法**

将化妆棉在面膜碗中浸透，直接
敷于面部，15分钟后用温水洗
净即可。

↪**保存方法**

不宜保存，一次用完。

美容原理

　　菠萝能有效收缩毛孔、淡化色斑。菠萝搭
配蜂蜜，还能有效滋润皮肤。

美颜课堂

菠萝是香甜的美容品

　　菠萝含有丰富的B族维生素，能有效滋养
皮肤，防止皮肤干裂，滋润头发。菠萝果肉作
为面膜，是香甜的护肤用品。

苹果醋绿豆番茄面膜

功 效：	收缩毛孔，美白嫩肤
适合皮肤：	中性皮肤、油性皮肤
使用次数：	1周1～3次
美丽成本：	3元

[材料]

绿豆粉2小勺，苹果醋1小勺，番茄1个。

[制作方法]

将番茄洗净，切成小块，捣成泥状，倒入面膜碗中。加入绿豆粉和苹果醋，搅拌均匀。

↪使用方法

洁面，热敷，将面膜用面膜刷均匀涂抹在面部，避开眼周和唇部，10～15分钟后用温水洗净即可。

↪保存方法

将剩余面膜密封存放于冰箱冷藏1～3天。

美容原理

绿豆可以促进皮肤新陈代谢，收缩粗大毛孔，使皮肤细腻有弹性。番茄能补充皮肤所需要的营养，具有美白皮肤的功效。苹果醋能促进皮肤新陈代谢，可以美白杀菌、淡化黑色素、去除老化角质、补充皮肤水分、缩小粗大毛孔、抗氧化、美白嫩肤，令皮肤更加光滑细腻。

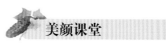

美颜课堂

此款面膜尤其适用于日晒后、粗糙、油性发黄、色素沉淀等皮肤。

蔬菜面膜

功　　效：	细致毛孔，淡斑祛痘
适合皮肤：	任何皮肤
使用次数：	1 周 2 次
美丽成本：	5 元

[材料]

苹果 1/2 个，西芹 30g，柠檬汁
15ml，青柠汁 15ml，地瓜 1/4 个，
青瓜 1/2 根，鸡蛋 2 个。

[制作方法]

将苹果去核，切成碎末状。将西芹、
地瓜、青瓜洗净切碎，将鸡蛋打匀。
将所有材料倒入榨汁机中，榨取汁液，
搅拌均匀。

↬ **使用方法**

将面膜用面膜刷均匀涂抹在面
部，避开眼周和唇部，10 ~ 15
分钟后先用温水洗净，再用冷水
洗面，有助于收缩毛孔。

↬ **保存方法**

不宜保存，一次用完。

 **美容原理**

西芹有清热滑肠、凉血解毒等功效，同时
还能提供皮肤角质细胞所需的各种成分，促进角
质细胞的新陈代谢，使皮肤变得细腻、富有光泽。
柠檬亦可促进皮肤的新陈代谢，使皮肤年轻白皙
更富弹性。苹果可淡化面部的雀斑和黄褐斑，它
所含的丰富苹果酸可使毛孔通畅，且有祛痘作用。

美颜课堂

此款面膜可以改善皮肤松弛的现象，能使
皮肤平滑紧绷，而且还能调节皮肤油脂过多。

木瓜鲜奶蜂蜜面膜

功　　效：	细致毛孔，润肤淡斑
适合皮肤：	任何皮肤
使用次数：	1周2～3次
美丽成本：	3元

[材料]

木瓜 1/4 个，鲜奶 2 大勺，蜂蜜 2 大勺。

[制作方法]

将木瓜果肉用小勺挖出，放入面膜碗中，捣成泥状，再慢慢加入鲜奶和蜂蜜，搅拌均匀，调成糊状。

↪使用方法

洁面后，将面膜用面膜刷均匀涂抹在面部，避开眼周和唇部，10～15 分钟后用清水洗净即可。

↪保存方法

不宜保存，一次用完。

 **美容原理**

　　木瓜可以深层清洁躲藏在毛孔内的污垢，还可以收敛毛孔。木瓜中的 B 族维生素还能缓解皮肤的疲倦现象。牛奶可以防治多种色素沉着引起的斑痕，并保证皮肤的光滑润泽。橄榄油富含与皮肤亲和力极佳的角鲨烯和人体必需的脂肪酸，能有效保持皮肤的弹性和润泽。

 **美颜课堂**

冰镇收缩毛孔

　　清晨冰镇毛孔，可以让毛孔迅速变小，同时还可以使皮肤表面的温度迅速下降，使出油的现象得到有效抑制。

SHOULIANJINFUQUZHOU

MIANMO

第五章

瘦脸紧致祛皱面膜

　　人的衰老体现最明显的地方就是皮肤了。从 25 岁开始，你就会明显地出现很多皮肤
问题，你会发现皮肤不知不觉变松弛了，面部也出现了许多皱纹。松弛的皮肤让我们不愿
意面对自己，让我们越来越不自信。不妨从现在开始敷面膜，让我们告别松弛，拥有紧致
小脸，也重新找回自信。

 松弛，紧致小脸

紧致操，告别面部皮肤松弛

消除松弛的双下颌

1. 闭上嘴巴，尽量地向右侧移动下颌到底。

2. 同样地往左侧移动。

左右各 1 次为 1 组，共做 8 组，可以收紧下颌。

咬出 V 字脸

1. 尽量将嘴巴往横向慢慢张开到底后停 10 秒。

2. 就这样闭上嘴巴用力咬紧臼齿后，不用力停 10 秒。

以上 1 组动作重复 8 次，可以消除颈部松弛与双下巴。

让双颊更瘦削

1. 一面用指尖压住下颌，一面舌头尖端用力，尽量地伸出舌头。

2. 就这样将舌头往左下移动，此时嘴巴的肌肉若变硬就可以了。

3. 开始往右方旋转。

旋转 1 圈为 1 组动作，重复 8 次，可以使下颌与颈部的线条更完美。

洗脸更瘦脸

改变平常洗脸的方式，用冷热水交替洗脸，可以促进面部皮肤的血液循环和新陈代谢，轻松瘦脸。

饮茶也瘦脸

喝杯利尿的乌龙茶，可以将面部多余的水分迅速排出，达到瘦脸的效果。

冷敷消除眼部水肿

用毛巾包住冰块，敷在水肿的眼皮上约 3 分钟，利用热胀冷缩的原理来消除眼部水肿。

用对 方法，小脸紧绷绷

1.胶原蛋清

皮肤松弛，出现皱纹，是衰老的表现。人之所以会衰老，是因为胶原蛋清的流失。补充胶原蛋清能帮助我们很好地补充流失的营养，具有保湿、补水、美白、排毒养颜等功效，促使肌肉细胞连接并具弹性与光泽。

2.冷热水交替洗脸

平时在洗脸时，先用热水洗脸，洗完脸后再用冷水冲几下，热胀冷缩，这对紧致皮肤很有作用，但敏感皮肤除外。

3.皮肤紧致霜

面部紧皱，需要使用抗氧化、抗衰老的护肤品来辅助。选择一些含弹力蛋清的紧致霜，再从表面改善、提升下垂部位，让皮肤更紧致、皱纹淡化，在使用的过程中，搭配按压效果更好。

4.保持良好的表情习惯

偏嚼、皱眉、抬眉、眯眼、喜怒无常等不良情绪和表情会造成局部皮肤的过度运动及肌肉紧张，从而使皮肤因劳累过度又得不到有效的休息而形成皮肤松弛，平日应避免脸部过多的表情或是拉扯的动作，以免造成皮肤的纤维组织失去弹性而松弛。

5.防晒

90%以上的皮肤松弛都是过度的阳光紫外线照射所造成，一是形成光老化，二是造成体内形成大量自由基使皮肤被过度氧化失去弹性而造成皮肤松弛。一定要注意时时刻刻做足防晒的工作，平时出门记得要擦防晒霜、戴帽子及墨镜。

6.饮食均衡

避免食用高脂肪食物，以免产生自由基，加速老化，皮肤的"营养过盛"或者"营养缺乏"都会造成它的老化问题，导致皮肤弹性不足，所以饮食需均衡。

黄瓜紧肤面膜

功　　效：	紧致美白，祛皱抗衰
适合皮肤：	混合性皮肤
使用次数：	1 周 2 ~ 3 次
美丽成本：	2 元

[材料]

维生素 C1 片，黄
瓜 1/2 根，橄榄油
1 小勺。

[制作方法]

将黄瓜洗净去皮，放入果汁机中搅拌
成泥，倒入面膜碗中。将维生素 C
片研磨成细粉。将维生素 C 粉末、
橄榄油倒入面膜碗中，搅拌均匀，调
成泥状。

⊶使用方法

洁面，热敷，将面膜用面膜刷均
匀涂抹在面部，避开眼周和唇部，
10 ~ 15 分钟后用温水洗净即可。

⊶保存方法

将剩余面膜密封存放于冰箱冷藏
1 ~ 3 天。

美容原理

　　黄瓜富含维生素 E 和黄瓜酶，具有
润肤、抗衰老、细致毛孔的作用。橄榄油
能减少面部皱纹，控制皮肤出油，有效滋
润美白紧致皮肤，防止皮肤衰老，有护肤
护发和防治手足皲裂等功效。

美颜课堂

自制黄瓜紧肤水

　　将黄瓜洗净削皮，用榨汁机榨取汁
液，过滤掉果渣。将黄瓜汁和纯净水混合，
同时加入几滴柠檬汁，充分混合后装入瓶
中，一瓶自制黄瓜紧肤水就轻松完成了。
黄瓜紧肤水可用玻璃器皿密封存放于冰
箱冷藏，30 天内用完即可。

藕粉燃脂瘦脸面膜

功　　效：燃脂紧肤，滋养补水
适合皮肤：任何皮肤
使用次数：1 周 2 次
美丽成本：3 元

[材料]

胡萝卜 1/2 根，藕粉
2 大勺，鸡蛋 1 个。

[制作方法]

将胡萝卜洗净后，放入榨汁机中榨取汁
液。将藕粉、鸡蛋一同加入胡萝卜汁中，
充分搅拌均匀呈糊状待用。

↬ 使用方法

洁面，热敷，将面膜用面膜刷均
匀涂抹在面部，避开眼周和唇部，
10 ～ 15 分钟后用温水洗净即可。

↬ 保存方法

将剩余面膜密封存放于冰箱冷藏
1 ～ 5 天。

 **美容原理**

胡萝卜含有丰富的胡萝卜素，可以为皮肤补
充水分，并能去除死皮。藕粉的功效与胡萝卜相
似，两者搭配使用，效果更佳，不仅能收敛面部
毛孔，还能消除面部脂肪。鸡蛋能滋养皮肤，蛋
清可以很好地收缩毛孔。

 **美颜课堂**

藕粉粥可润发养颜

取白米 25g，煮熟，加入 25g 藕粉和适量白糖，
调匀，早晨食用，可以乌须发、润肤养颜、补益
心脾。

大蒜绿豆粉瘦脸祛痘面膜

功　　效：	消肿燃脂，祛痘去角质
适合皮肤：	任何皮肤
使用次数：	1周1次
美丽成本：	2元

[材料]

大蒜2~3瓣，绿豆粉2大勺，蜂蜜1小勺。

[制作方法]

将大蒜去皮，放入微波炉中，用中火蒸约2分钟后取出，捣烂。加入绿豆粉和蜂蜜，搅拌均匀，将混合物置于阴凉处1小时。

◦·使用方法

洁面，热敷，将面膜用面膜刷均匀涂抹在面部，避开眼周和唇部，10~15分钟后用温水洗净即可。

◦·保存方法

不宜保存，一次用完。

美容原理

大蒜与绿豆能减轻面部水肿症状，加速新陈代谢，燃烧脂肪，缓解青春痘和去角质的效果很好。

美颜课堂

绿豆糊祛痘

将绿豆研成细末，煮成糊状，睡前涂抹在长痘的地方，次日清晨洗净，可以有效祛痘。

蛋黄绿茶紧肤面膜

功　　效：	紧肤美白，滋养保湿
适合皮肤：	任何皮肤
使用次数：	1周1～2次
美丽成本：	2元

[材料]

蛋黄1个，绿茶粉1小勺，面粉1.5大勺，蜂蜜2大勺。

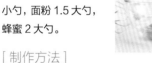

[制作方法]

将绿茶粉、蛋黄、面粉、蜂蜜倒入面膜碗中，搅拌均匀，调成糊状。

⤚使用方法

洁面，热敷，将面膜用面膜刷均匀涂抹在面部，避开眼周和唇部，10分钟后用温水洗净即可。

⤚保存方法

将剩余面膜密封存放于冰箱冷藏1～5天。

美容原理

绿茶中所含的单宁酸成分，能收缩皮肤、使皮脂膜强度增高，紧肤美白。蜂蜜滋养皮肤，使皮肤保持水润。

美颜课堂

绿茶水洗脸

将绿茶冲泡2次，保留最后一次的水，不要隔夜。用绿茶水浸湿脸，将洗面奶揉出泡沫开始按摩，一边按摩一边用手指蘸绿茶水，防止太干不出泡沫。然后用温水洗净，最后用干净的绿茶水代替爽肤水拍脸，这样可以达到清脂、收敛毛孔的作用，1周1～2次即可。

糯米土豆紧肤面膜

功 效：紧致细腻，淡疤抗衰
适合皮肤：干性皮肤、中性皮肤
使用次数：1 周 1 ～ 2 次
美丽成本：2 元

[材料]

糯米 50g，土豆 1 个，冷开水
100ml，蜂蜜少许。

[制作方法]

将土豆去皮洗净，和糯米一起放入蒸
锅中蒸约 30 分钟至酥烂。将土豆切
小块放入榨汁机中，再倒入糯米、蜂
蜜和冷开水，搅拌均匀。将面膜倒入
面膜碗中，冷却待用。

↬使用方法

洁面，热敷，将面膜用面膜刷均
匀涂抹在面部，避开眼周和唇部，
10 ～ 15 分钟后用温水洗净即可。

↬保存方法

不宜保存，一次用完。

 **美容原理**

糯米可以改善皮肤干燥现象并可收紧松
弛皮肤，平滑疤痕，使皮肤更加紧致细腻。
土豆可以抗衰老。

美颜课堂

自制此款面膜时千万不能选用发芽的土
豆，发芽的土豆含有有毒物质，会对皮肤造
成伤害。

双粉瘦脸面膜

功　　效：	滋养紧肤，杀菌消炎
适合皮肤：	中性皮肤、油性皮肤
使用次数：	1 周 1 ~ 2 次
美丽成本：	2 元

[材料]

干橘皮粉 1 小勺，绿茶粉 2 小勺，鸡蛋 1 个。

[制作方法]

将干橘皮粉过筛，筛取细粉。将绿茶粉过筛，筛取细粉。将鸡蛋打破去壳，留取蛋清备用。将干橘皮粉、绿茶粉和蛋清一起倒入面膜碗中，搅拌均匀，调成糊状。

↦使用方法

洁面，热敷，将面膜用面膜刷均匀涂抹在面部，避开眼周和唇部，10 ~ 15 分钟后用温水洗净即可。

↦保存方法

将剩余面膜密封存放于冰箱冷藏 1 ~ 3 天。

美容原理

干橘皮含有丰富的维生素 C，可以补充皮肤所需营养。绿茶含有茶多酚和咖啡碱，对防衰老、防癌、杀菌、消炎等均有效。绿茶粉用来做面膜，有清洁皮肤、补水控油、淡化痘印、促进皮肤损伤恢复的功效。鸡蛋能有效地收缩毛孔，滋养皮肤，有效改善面部水肿症状，使皮肤紧致、润泽。

美颜课堂

按摩拥有细致小脸

敷完面膜后进行按摩，不仅可以排出毒素，更能促进血液循环，让脂肪在不知不觉中燃烧掉。

苹果乳脂蜂蜜紧肤面膜

功　　效：	紧肤美白，滋养皮肤
适合皮肤：	任何皮肤
使用次数：	1 周 2 次
美丽成本：	4 元

[材料]

苹果 1/2 个，乳脂 1 小勺，蜂蜜
1 小勺，化妆棉适量。

[制作方法]

将苹果去皮，放入果汁机中搅拌成
泥状，倒入面膜碗中，加入乳脂和
蜂蜜，搅拌均匀。

⊶使用方法

洁面后，用化妆棉蘸取面膜均匀
涂抹在面部，10 ～ 15 分钟后用
温水洗净即可。

⊶保存方法

不宜保存，一次用完。

美容原理

　　苹果中的果胶和鞣酸有收敛作用。蜂蜜可
以滋养皮肤。乳脂是牛奶中的天然脂肪，是奶油
的主要成分，基本上由低级脂肪酸（如丁酸）及
高级脂肪酸衍生的甘油酯混合物组成，具有美白
的作用。

美颜课堂

窈窕美容液

　　将苹果和橙子分别去皮去籽，将果肉放入
容器中，加入少量水煮开，煮开后倒入放了红
茶包的容器中，闲暇时喝一杯窈窕美容液，瘦
身又养颜。

破解 皮肤"皱"语

拥有 20 岁皮肤法则

1. 使用适合自己的防晒产品。

2. 适当去角质，保持角质细胞的活力。

3. 保证皮肤水分充足。

4. 保证皮肤弹性纤维和透明质酸的含量，防止皮肤氧化。

防皱祛皱的皮肤护理

1. 每天用温水洁面，用热毛巾敷面 1～2 分钟，用软毛巾轻轻沾干皮肤上的水分。

2. 用鲜奶或抗皱洗面奶洁面。

3. 每周敷祛皱面膜。

4. 选用干性皮肤用的收缩原液在洁面后轻轻拍于面部。

积极应对衰老四大因素

1. 缺乏营养：多吃水果，补充蛋清质。

2. 工作压力过大：摄取维生素 C 和镁元素帮助肾上腺分泌肾上腺素，摄入碘、锌、硒和 B 族维生素来帮助甲状腺分泌甲状腺素。

3. 锻炼不够：运动能让肌纤维萎缩减慢，让我们看起来更年轻。

4. 护理不到位：忽视颈部、胸部以及脖子后面部位的护理，这些部位的皮肤薄，容易变松弛。

养生有道，破解皮肤"皱"语

1. 开朗乐观的心态，是预防衰老最好的良药。

2. 保持充足的睡眠，合理的营养和均衡的膳食。

3. 适当运动，保持活力。

4. 讲究饮食营养，既要有足够的蛋清质、脂肪、碳水化合物，又要有丰富的维生素及必要的矿物质，可以增强皮肤弹性，延缓皱纹出现。

5. 调节生活习惯，改变大笑、皱鼻、皱眉、眯眼等不良动作。

丝瓜蜂蜜祛皱面膜

功　　效：	祛皱防衰，美白淡斑
适合皮肤：	任何皮肤
使用次数：	1周2次
美丽成本：	3元

[材料]

丝瓜1根，蜂蜜1大勺，燕麦片2小勺。

[制作方法]

将丝瓜榨取汁液，加入燕麦片和蜂蜜，搅拌均匀。

➻ 使用方法

洁面后，将面膜用面膜刷均匀涂抹在面部，避开眼周和唇部，10 ~ 15 分钟后用清水洗净即可。

➻ 保存方法

不宜保存，一次用完。

美容原理

丝瓜中含有延缓皮肤老化的 B 族维生素、增白皮肤的维生素 C 等成分，能保护皮肤，有效祛皱淡斑，使皮肤洁白细嫩。

美颜课堂

丝瓜粉祛皱

将丝瓜晒干，研成细末，每天夜晚用水调和后涂在面部，次日清晨用温水洗去即可。

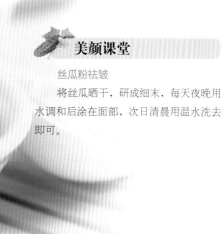

蛋清祛皱面膜

功　　效	润肤祛皱，美白抗衰
适合皮肤	干性皮肤、中性皮肤
使用次数	1周2次
美丽成本	3元

[材料]

鸡蛋1个，柠檬汁6 ～ 8滴。

[制作方法]

将鸡蛋去壳取蛋清，搅拌至起白色泡
沫时，加入柠檬汁，搅拌均匀。

↣使用方法

洁面后，将面膜均匀涂抹在面部，
避开眼周和唇部，10 ～ 15分钟
后用温水洗净即可。

↣保存方法

不宜保存，一次用完。

美容原理

　　蛋清可以紧致皮肤、润肤祛皱。柠檬汁不仅
含有丰富的维生素，还具有很强的抗氧化作用，
对促进皮肤的新陈代谢、延缓衰老及抑制色素沉
着等十分有效。

美颜课堂

柠檬鲜果美容

　　将柠檬洗净切片后，放入冷开水中3 ～ 5分
钟，可用柠檬水敷脸、擦身、洗头。长期使用，
可融蚀面部、身体上的色斑，达到发如墨瀑、面
如美玉、身如凝脂、光彩照人的效果。

牛奶祛皱面膜

功　　效：	润肤祛皱，防老抗衰
适合皮肤：	任何皮肤，尤其适宜中老年妇女和面部皱纹较多的孕产妇
使用次数：	1周2~3次
美丽成本：	3元

[材料]

牛奶1勺，橄榄油5
滴，面粉适量。

[制作方法]

将牛奶、橄榄油和面粉倒入面膜碗中，
搅拌均匀，调成糊状。

❧使用方法

洁面，热敷，将面膜用面膜刷均
匀涂抹在面部，避开眼周和唇部，
10 ~ 15分钟后用温水洗净即可。

❧保存方法

不宜保存，一次用完。

美容原理

　　牛奶可以有效美白和滋润祛皱。橄榄油
含有丰富的单不饱和脂肪酸和维生素，能减
少面部皱纹，延缓皮肤衰老。

美颜课堂

　　冻牛奶高效祛皱
　　先用冻牛奶洗脸，然后在面部敷上浸泡
过牛奶的化妆棉，可以让皮肤得到舒缓和滋
润，能有效美白祛皱。

香蕉燕麦牛奶面膜

功　　效：	润肤祛皱，抗衰老
适合皮肤：	任何皮肤
使用次数：	1周2次
美丽成本：	5元

[材料]

香蕉1根，牛奶250ml，燕麦片200g，葡萄干100g，蜂蜜5ml。

[制作方法]

将香蕉、牛奶、燕麦片和葡萄干放入锅中，用小火煮至糊状，倒入面膜碗中，加入蜂蜜，搅拌均匀，冷却待用。

┅ 使用方法

洁面，热敷，将面膜均匀涂抹在面部，避开眼周和唇部，10～15分钟后用温水洗净即可。

┅ 保存方法

不宜保存，一次用完。

美容原理

香蕉含丰富的维生素A，能很好地滋润皮肤。蜂蜜具有保湿和滋养的功效。此款面膜润肤祛皱的功效极好，而且还能防止皮肤细胞老化，使皮肤滋润有光泽。

美颜课堂

皮肤水分充足，就不会出现皱纹。

火龙果祛皱面膜

功　　效：	有效祛皱，美白防衰
适合皮肤：	干性皮肤、油性皮肤
使用次数：	1周2～3次
美丽成本：	4元

[材料]

火龙果 10g，燕麦片 10g，珍珠粉 10g，纯净水适量。

[制作方法]

将火龙果去皮，取果肉切块，放入面膜碗中，用面膜勺压成泥，再加入燕麦片、珍珠粉和纯净水，搅拌均匀，调成糊状。

↬使用方法

洁面后，将面膜用面膜刷均匀涂抹在面部，避开眼周和唇部，10～15分钟后用清水洗净即可。

↬保存方法

不宜保存，一次用完。

美容原理

火龙果可以促进皮肤血液循环，防止皮肤老化，能有效祛皱。燕麦片具有抗氧化功效，能增加皮肤活性，具有延缓皮肤衰老、美白保湿、减少皱纹和色斑、抗过敏等功效。

美颜课堂

火龙果果皮是美容佳品

火龙果果皮含有非常珍贵的营养物质——花青素，花青素是一种强力的抗氧化剂，经常食用可以使皮肤光滑，并能延缓皮肤衰老。火龙果果皮以生食为佳，可以用小刀将其刮下食用，或切成细条凉拌，榨汁食用也是不错的选择。

咖啡蜂蜜祛皱面膜

功　　效：	润肤祛皱，美白杀菌
适合皮肤：	任何皮肤
使用次数：	1周2次
美丽成本：	3元

[材料]

咖啡粉2大勺，蛋黄1个，蜂蜜1小勺，面粉2大勺。

[制作方法]

将蛋黄、蜂蜜、面粉和咖啡粉倒入面膜碗中，搅拌均匀，调成糊状。

❥使用方法

洁面，热敷，将面膜均匀涂抹在面部，避开眼周和唇部，10～15分钟后用温水洗净即可。

❥保存方法

不宜保存，一次用完。

美容原理

咖啡具有润肤祛皱的功效，还能使皮肤光滑，富有弹性。蜂蜜是最理想的护肤品之一，它能供给皮肤养分，让皮肤保持弹性，还能促进皮肤细胞再生，让皮肤更加富有弹性，祛皱、预防皱纹产生的效果极好。

美颜课堂

咖啡粉祛皱又瘦脸

敷完面膜后，或者平时在按摩膏中加入适量咖啡粉，对面部进行按摩，不仅祛皱的效果更佳，还兼具瘦脸的功效。

薏苡仁夜间滋润面膜

功　　效：	润肤祛皱，美白淡斑
适合皮肤：	任何皮肤
使用次数：	1周2次
美丽成本：	3元

[材料]

薏苡仁 150g，蜂蜜 1 小勺，牛奶 50ml，水适量。

[制作方法]

将薏苡仁浸泡 3 小时，放入锅中煮沸，取出煮沸的薏苡仁水 3 大勺，倒入面膜碗中，待冷却后加入蜂蜜和牛奶，搅拌均匀。

↬使用方法

睡前，洁面，热敷，将面膜均匀涂抹在面部，避开眼周和唇部，次日清晨用温水洗净即可。

↬保存方法

不宜保存，一次用完。

美容原理

薏苡仁中含有丰富的蛋清质、维生素、油脂、矿物质和糖类，具有美白淡斑、润肤祛皱的功效。薏苡仁对面部有粉刺、皮肤粗糙等有明显的效果，同时还能防晒和防紫外线。

美颜课堂

薏苡仁鲜奶粥

将鲜奶煮沸，加入适量薏苡仁粉，搅拌均匀后食用，可保持皮肤光滑细腻，能缓解粉刺、雀斑、老年斑、妊娠斑和蝴蝶斑的出现。

珍珠粉甘油滋润祛皱面膜

功　　效：	祛皱淡斑，美白控油
适合皮肤：	任何皮肤
使用次数：	1周2～3次
美丽成本：	3元

[材料]

珍珠粉2小勺，甘油适量。

[制作方法]

将珍珠粉和甘油倒入面膜碗中，搅拌
均匀，调成糊状。

↬使用方法

洁面，热敷，将面膜均匀涂抹在
面部，避开眼周和唇部，10～15
分钟后用温水洗净即可。

↬保存方法

不宜保存，一次用完。

美容原理

　　珍珠粉外敷有深层清洁皮肤、美白、
祛痘、控油、淡斑等作用。甘油丰富的
油性成分能很好地滋养皮肤。

美颜课堂

　　此款面膜适合黑头茂盛的皮肤，连
续敷3个月，可以减少皱纹和黄褐斑。

第六章

敏感面膜

暴露在空气中的皮肤，时刻都在接受外界的威胁，敏感一有机会就会来找麻烦。不论你的皮肤是中性、干性，还是油性，都会受到外界的刺激和影响而变得敏感，令你的皮肤无所适从，我们一定要小心呵护。如何修护敏感皮肤，从敷面膜开始，DIY 面膜安全又方便，让你轻松拥有好"面子"，做完美女人。

修护 敏感皮肤，做完美女人

抗过敏有高招

洋甘菊精油——改善皮肤敏感的好帮手

1. 干燥及敏感性皮肤：每天 2 次，适量涂抹及按摩。（单方精油不可直接使用，须与基础油调合后使用）

2. 改善湿疹皮肤：早晚洁面时，滴 1 滴洋甘菊在洗脸水中，用毛巾按敷面部 5 分钟，具有舒缓和收敛的作用。

3. 改善敏感和脆弱皮肤：洋甘菊精油＋润肤霜，以 1 滴精油兑 3 ～ 5g 润肤品的比例，每天涂抹在皮肤上。

怎样预防红血丝

1. 有红血丝的皮肤角质层已经很薄，应该避免使用含有水杨酸、果酸等有剥落角质效果，让皮肤更薄更红的产品。

2. 对于美白产品的使用也要谨慎。

3. 由于强烈的紫外线辐射会破坏皮肤角质层，使毛细血管扩张甚至破裂，日常要坚持使用全防护、低刺激的防晒产品，让皮肤远离紫外线的伤害。

4. 容易泛红的皮肤平时要注意补水，尽量使用不含香料、酒精、低刺激的保养品；红血丝严重的人则可以有针对性地选择抗红血丝产品进行治疗，并减少各种外因对皮肤的刺激。

减轻红血丝的方法

1. 增强皮肤锻炼，经常用冷水洗脸，增加皮肤的耐受力。

2. 不使用含重金属的化妆品，避免色素沉积，毒素残留表皮。

3. 不做一些激光美容项目，不破坏皮肤角质层。

4. 局部皮肤过敏尽量少用皮质类固醇激素药膏。

5. 多开窗通风使空气流通，减少皮肤闷热刺激。

6. 常按摩面部，促进血液流动，有助于增强毛细血管壁弹性，日常注意给皮肤补水滋润。

7. 防止皮肤干燥脱皮，饮食忌辛辣刺激，忌烟、酒等。

牛奶甘菊修护面膜

功　　效:	调节敏感性皮肤，紧肤抗皱
适合皮肤:	敏感性皮肤、干性皮肤
使用次数:	1周2次
美丽成本:	2.5元

[材料]

牛奶 20ml，洋甘菊 10g，鸡蛋 1 个。

[制作方法]

将牛奶加热至 80℃，放入洋甘菊，浸泡 30 分钟后将洋甘菊过滤掉，再将蛋黄加入到过滤后的奶汁中，搅拌均匀。

➻**使用方法**

洁面后，将面膜用面膜刷均匀涂抹在面部，避开眼周和唇部，10 ～ 15 分钟后用清水洗净即可。

➻**保存方法**

不宜保存，一次用完。

 美容原理

洋甘菊可以促进皮肤新陈代谢，平衡以及调节敏感性皮肤，非常适合敏感性皮肤的人使用。蛋黄富含珍贵的脂溶性维生素、单不饱和脂肪酸、磷、铁等微量元素，能紧肤抗皱。

美颜课堂

洋甘菊茶美发又护眼

洋甘菊茶的泡法: 将干燥的洋甘菊约 2 茶匙，以开水冲泡，闷约 30 分钟，酌加蜂蜜即可。

1. 美发: 加入洗发精内可使头发增加亮丽光泽。

2. 护眼: 将冲泡过的冷茶包敷眼睛，可以帮助去除黑眼圈，用茶水洗眼还能消除眼部疲劳。

薄荷柠檬修复面膜

功　　效：	修复发痒、发炎和灼伤的皮肤
适合皮肤：	油性皮肤
使用次数：	1周2次
美丽成本：	3元

[材料]

薄荷液 1/2 小勺，蛋清 1 个，黄瓜 1/2 根，柠檬汁 2 小勺。

[制作方法]

将黄瓜去皮，取约 2 寸长的黄瓜，捣烂。加入蛋清、柠檬汁和薄荷液，搅拌均匀。

❥使用方法

洁面后，将面膜用面膜刷均匀涂抹在面部，避开眼周和唇部，10 ～ 15 分钟后用清水洗净即可。

❥保存方法

将剩余面膜密封存放于冰箱冷藏 1 ～ 5 天。

 **美容原理**

薄荷可以收缩微血管，舒缓发痒、发炎和灼伤的皮肤，对于清除黑头、粉刺以及祛油效果极好。柠檬汁能增强皮肤免疫力、延缓皮肤衰老，可以有效去除老废角质、温和祛痘，使皮肤润泽、光滑。蛋清有清热解毒、促进皮肤生长的作用。黄瓜富含维生素 E 和黄瓜酶，尤其是小黄瓜，具有润肤、抗衰老、细致毛孔的功效。

美颜课堂

唇齿生香

食用薄荷能预防病毒性感冒和口腔疾病，可使口气清新。

莴笋修复面膜

功　　效：修复敏感皮肤

适合皮肤：敏感性皮肤

使用次数：1周2次

美丽成本：1元

[材料]

莴笋叶适量，纱布1块。

[制作方法]

将莴笋叶切碎，加入少量水，倒入锅中煮5分钟。

↦使用方法

将莴笋叶用纱布包起来，待温度稍微降低至不烫时敷在面部，15分钟即可。

↦保存方法

不宜保存，一次用完。

美容原理

莴笋含有丰富的维生素和微量元素，可用来缓解皮肤刺激和阳光灼伤等状况，可以很好地修复敏感皮肤。

美颜课堂

莴笋汤洗脸＝改善皮肤敏感

将制作面膜时剩余的汤汁用来洗脸，可有效改善皮肤敏感现象。

橄榄油香蕉抗敏面膜

功　　效：	抗过敏，祛皱防衰
适合皮肤：	任何皮肤
使用次数：	1周2次
美丽成本：	2元

[材料]

香蕉1根，橄榄油1/2勺。

[制作方法]

将香蕉捣烂或榨汁成糊状。

↪使用方法

洁面后，在面部涂上一层橄榄油，再将面膜用面膜刷均匀涂抹在面部，避开眼周和唇部，10分钟后用温水洗净即可。

↪保存方法

不宜保存，一次用完。

美容原理

香蕉含有丰富的蛋清质、糖、维生素A、维生素C、钾等，有深层滋润的效果，可有效改善皮肤粗糙的现象，特别适合干性、敏感性皮肤使用。橄榄油含有丰富的单不饱和脂肪酸和维生素A、维生素D、维生素E、维生素K等，能减少面部皱纹，防止皮肤衰老。

美颜课堂

手足因寒冷出现皲裂现象时，可将香蕉皮内面擦拭患处，连续几天后，可使皮肤滑润起来。

杏桃修复抗敏面膜

功　　效：	抗过敏，愈合晒伤皮肤
适合皮肤：	任何皮肤
使用次数：	1周2次
美丽成本：	2元

[材料]

杏桃5个。

[制作方法]

将杏桃洗净，去皮去核，捣成稀泥状。

⟿使用方法

洁面后，将面膜用面膜刷均匀涂抹在面部，避开眼周和唇部，10～15分钟后用清水洗净即可。

⟿保存方法

不宜保存，一次用完。

美容原理

杏桃有解毒凉润的作用，可使皮肤红润、减少皱纹，尤其适宜敏感性皮肤和被阳光灼伤的皮肤。

美颜课堂

杏仁美颜又养生

新鲜的杏桃富含铜、铁、钾、纤维素和β胡萝卜素，但晒干以后，杏桃的营养价值更高，不过，营养成分更多的却是在杏仁里，多食用杏仁，具有长寿的功效。

蜂蜜燕麦片去红血丝面膜

功　　效：	去红血丝，淡斑抗过敏
适合皮肤：	任何皮肤
使用次数：	1周2次
美丽成本：	1.5元

[材料]

蜂蜜2小勺，蛋清少许，燕麦片2小勺。

[制作方法]

将燕麦片研磨至粉状，加入蛋清调和均匀，再加入蜂蜜搅拌均匀。

↦使用方法

洁面后，将面膜用面膜刷均匀涂抹在红血丝部位，15分钟后用温水洗净即可。

↦保存方法

不宜保存，一次用完。

美容原理

蛋清可以清热解毒、促进皮肤生长。蜂蜜能美白、杀菌、滋养皮肤，还能减少红色素沉着，闭合毛细血管，减少刺痛感。燕麦具有抗氧化、增加皮肤活性、延缓皮肤衰老、美白保湿、减少皱纹色斑、抗过敏等功效。

美颜课堂

燕麦片让你拥有丝滑秀发

燕麦蛋清质可以在头发表面形成保护膜，能够保持头发内水分的相对稳定，从而保持头发的光滑、柔顺和亮泽。

胡萝卜茶水去红血丝面膜

功　　效:	去红血丝，美白嫩肤
适合皮肤:	干性皮肤、混合性皮肤
使用次数:	1周1次
美丽成本:	3元

[材料]

浓茶水 30ml，胡萝卜 1 根，蓖麻油 15g，蛋清 1 个，化妆棉 1 片。

[制作方法]

将浓茶水倒入面膜碗中，放入化妆棉充分浸泡。将胡萝卜放入榨汁机中，榨取汁液，再与蓖麻油和蛋清一起倒入面膜碗中，搅拌均匀。

↪使用方法

洁面后，将浸泡的化妆棉取出，反复擦拭面部，擦拭完后对面部皮肤轻轻按摩。

↪保存方法

将剩余面膜密封存放于冰箱冷藏 1 ~ 5 天。

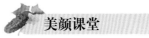 **美容原理**

　　茶中含有鞣酸和单宁酸，它们都有让皮肤美白柔嫩的功效，用浓茶水洁面，这两种酸就会渐渐渗入皮肤，长此以往，皮肤就会慢慢变得容光焕发。胡萝卜汁含有胡萝卜素和维生素等，可以刺激皮肤的新陈代谢，增进血液循环。蓖麻油对皮肤有非常好的滋养作用，可以明显改善皮肤脱皮干燥等现象。蛋清有分解黑色素、紧致毛孔的功效。

美颜课堂

绿茶洗脸 = 高效护肤

　　用绿茶水洗脸，能清除面部的油腻，收敛毛孔，具有消毒、灭菌、抗皮肤老化、减少日光中的紫外线辐射对皮肤造成的损伤等功效，有助于美容护肤。

芦荟蛋清去红血丝面膜

功　　效：	去红血丝，美白杀菌
适合皮肤：	干性皮肤、混合性皮肤
使用次数：	1周1～2次
美丽成本：	2元

[材料]

芦荟叶1片，蛋清、蜂蜜各适量。

[制作方法]

将芦荟放入面膜碗中去皮捣碎至糊状，加入蛋清和蜂蜜，继续研磨，搅拌均匀。

↪使用方法

洁面后，将面膜用面膜刷均匀涂抹在面部，避开眼周和唇部，10～15分钟后用清水洗净即可。

↪保存方法

不宜保存，一次用完。

美容原理

　　芦荟有消炎镇定的作用。蛋清可以清热解毒，其中丰富的蛋清质还可以促进皮肤生长。蜂蜜含有维生素、葡萄糖、果糖等，能滋润、美白皮肤，并起到杀菌消毒、加速皮肤愈合的作用。芦荟、蛋清与蜂蜜搭配使用可以有效去红血丝。

美颜课堂

　　芦荟的美颜秘密

　　芦荟美容：取芦荟汁，加入少许水即可涂于面部美容。

　　芦荟美发：取芦荟汁，洗头后，将芦荟汁涂抹到头上可以止痒、防白发、防脱发，并能保持头发乌黑发亮，秃顶者还可以生出新发。

ZHANDOU
MIANMO

第七章

战"痘"面膜

恼人的痘痘是困扰女性的大难题，顽固的痘痘总是赶不走，不仅
如此，有时还会留下难看的痘印，将我们的皮肤破坏得更彻底。尝试
了很多方法，但效果总是不明显，甚至让皮肤变得更糟糕。你可以选
择天然温和的祛痘方法——敷面膜，让皮肤焕发健康生机。

DIY 战 "痘" 大计

内养外调，全面战 "痘"

皮肤乃五脏之镜，内分泌失调、饮食不当、缺乏睡眠、吸烟酗酒、化妆品污染等都是长痘痘的原因。如何才能有效祛痘呢?

1. 心情愉快，规律生活，睡足美容觉。

2. 调理体质，以内养外，喝碗美白除痘粥：薏苡仁、绿豆、大米各75g，陈皮1小块。将薏苡仁、绿豆洗净后，泡上3小时或一晚上，把适量的水煮滚，加入所有材料同煮成粥。

3. 把好饮食关：不吸烟，不喝酒，不喝浓咖啡和浓茶，还要少食辛辣刺激食物，少食糖果及高脂食物，多吃蔬菜水果，保持大便通畅。

4. 注意面部皮肤的清洁，不要挤压痘痘，油性皮肤用碱性稍强的香皂，干性皮肤用碱性弱些的香皂或洗面乳。

5. 敷面膜。

祛痘妙方

1. 胡萝卜

准备新鲜的胡萝卜500g，将胡萝卜煮熟，包在干净的纱布里取汁，再熬成糊状，最后涂在长痘的地方，涂至铜钱厚，每日2～3次，一般2～3天就能痊愈。

2. 酸奶

"肠美人就是皮肤美人"，坚持喝酸奶清理你的肠道，3个月就可以改善你的体质。浓稠的酸奶总是喝不干净，将剩余酸奶滴在珍珠粉里，搅匀后涂在有痘痘的地方，第二天洗净即可。

祛痘印妙方

1. 苹果

准备1个苹果，洗净切片后放在碗内，倒入沸水，待苹果片变软后取出，冷却至温热时贴在痘印上，20分钟后取下，再用清水洗净。

2. 绿豆霜

准备绿豆100g，研成细末状后加入一点温开水，搅拌均匀成糊状后装在干净的瓶子中备用。每晚临睡前，先把脸洗净拍干，再均匀抹上绿豆霜，并用指腹轻轻按摩10～20分钟。每天涂抹，1～2个月后就能痊愈。

酸奶珍珠粉祛痘面膜

功　　效：有效祛痘，清洁美白
适合皮肤：油性皮肤、混合性皮肤
使用次数：1周2次
美丽成本：2元

[材料]

珍珠粉 10g，酸奶
适量。

[制作方法]

将珍珠粉放入面膜碗中，加入酸奶，搅
拌均匀，调成糊状。

↪使用方法

洁面后，将面膜用面膜刷均匀涂
抹在面部长痘痘的地方，可做睡
眠面膜使用，次日清晨用清水洗
净即可。

↪保存方法

不宜保存，一次用完。

美容原理

珍珠粉有深层清洁皮肤、美白、祛痘、
控油、淡斑等功效。酸奶有美白祛痘的
作用，还能镇静皮肤。珍珠粉搭配酸奶，
祛痘的效果极好。

美颜课堂

珍珠粉不要放太多，否则容易堵塞
毛孔。

香蕉奶酪面膜

功　　效：	清洁排毒，有效祛痘
适合皮肤：	油性皮肤
使用次数：	1 周 1～3 次
美丽成本：	3 元

[材料]

香蕉 1 根，植物奶酪 1 小勺。

[制作方法]

将香蕉去皮，和奶酪一起放入果汁机中，搅拌均匀，调成糊状。

↪使用方法

洁面后，将面膜用面膜刷均匀涂抹在面部，避开眼周和唇部，10～15 分钟后用清水洗净即可。

↪保存方法

不宜保存，一次用完。

 **美容原理**

香蕉能够帮助清洁面部多余油脂，使面部皮脂腺得以畅通，并能清除毛细孔中的污垢及毒素，防止痤疮产生。奶酪能让皮肤细胞更有效地吸收营养并锁住水分。

美颜课堂

祛痘体膜

此款面膜亦可当作体膜使用，涂抹在身体长痤疮患处，有很好的疗效。

海藻祛痘面膜

功　　效：	消炎祛痘，淡斑祛痘印
适合皮肤：	任何皮肤
使用次数：	1周1～3次
美丽成本：	3元

[材料]

海藻颗粒 20g，纯净水适量。

[制作方法]

将海藻颗粒碾碎，加入适量纯净水，搅拌均匀，调成糊状。

○→使用方法

洁面，热敷，将面膜用面膜刷均匀涂抹在面部，避开眼周和唇部，10～15分钟后用温水洗净即可。

○→保存方法

不宜保存，一次用完。

美容原理

纯净水能安全有效地给人体补充水分，具有很强的溶解度。海藻含有蛋清素和维生素E，对面部皮肤起到祛皱、淡斑、美白、消炎、增加营养水分的作用，使皮肤更有弹性和青春力，能在祛痘及痘印的同时修复皮肤，令皮肤细致光滑。

美颜课堂

海藻既补水又控油

海藻非常温和，是纯天然的，十分适合皮肤敏感的人，海藻最大的功能就是补水，最适合干性皮肤。海藻泡出骨胶元后，是黏黏滑滑的，能把很多脏东西吸出来，在补水的同时，还能达到控油的效果，且控油效果极佳。

黄瓜酒甘油面膜

功　　效：	润肤祛痘，收缩毛孔
适合皮肤：	中性皮肤、干性皮肤、敏感性皮肤
使用次数：	1周2次
美丽成本：	10元

[材料]

黄瓜1000g，酒200ml，纯净水20ml，甘油20ml，化妆棉适量。

[制作方法]

将黄瓜去皮切丝，加入酒，存放于阴凉处2周。将黄瓜丝取出，滤净，留黄瓜酒待用。将黄瓜酒倒入面膜碗中，加入纯净水和甘油，搅拌均匀。

↪使用方法

洁面后，用化妆棉蘸取面膜均匀涂抹在面部，10～15分钟后用温水洗净即可。

↪保存方法

不宜保存，一次用完。

美容原理

黄瓜尤其是小黄瓜具有润肤、排毒、抗衰老、细致毛孔的功效。酒中含有多种营养。纯净水能有效补水。甘油有良好的吸水性，能帮助皮肤很好地吸收面膜的水分。

美颜课堂

煮黄瓜不仅可以美容排毒，还能减肥，不过吃煮黄瓜最合适的时间是在晚饭前。

金盏花面膜

功　　效：排毒杀菌，滋润祛痘

适合皮肤：任何皮肤

使用次数：1 周 1~2 次

美丽成本：5 元

[材料]

干金盏花 2 大勺，原味奶酪 1 小片，柠檬汁 5 滴。

[制作方法]

将干金盏花、原味奶酪、柠檬汁放入榨汁机中，搅拌均匀。

↪使用方法

洁面后，将面膜用面膜刷均匀涂抹在面部，避开眼周和唇部，10 ~ 15 分钟后，用清水洗净即可。

↪保存方法

不宜保存，一次用完。

美容原理

金盏花具有超强的愈合能力，能有效杀菌、收敛伤口、收缩毛孔、修复疤痕，还可以镇定皮肤、改善敏感皮肤，尤其对于干燥皮肤有高度滋润的效果。奶酪有去老化角质的特性。柠檬汁具有增强免疫力、延缓衰老、有效去除老废角质、温和祛痘的功效，能使皮肤光滑润泽。

美颜课堂

金盏花茶是以 1 大匙干燥的金盏菊花瓣冲泡而成的，闷约 3 ~ 5 分钟即可。

感冒时饮用金盏花茶，有助于退烧，而且清凉降火气，它还具有镇痉挛、促进消化的功效，极适合消化系统溃疡患者。此外，金盏花茶还能促进血液循环，也可以缓和酒精中毒，具有益补肝脏的功效。

砂糖橄榄油面膜

功　　效：	清洁去角质，抑菌祛痘
适合皮肤：	任何皮肤
使用次数：	1周1~3次
美丽成本：	1元

[材料]

砂糖 1 小勺，橄榄油 1/2 大勺。

[制作方法]

将砂糖和橄榄油倒入面膜碗中，搅拌均匀。

↪使用方法

像使用洗面奶一样，将面膜轻轻涂抹在面部，并按摩 3 ~ 5 分钟，用温水洗净即可。

↪保存方法

不宜保存，一次用完。

美容原理

砂糖含有丰富的营养成分，对一般细菌均具有抑制效果。此款面膜可以有效去角质、祛痘。

美颜课堂

长期使用还可以达到缩小毛孔的效果。